에코
액션

에코액션 ECO-Action

나의 환경발자국은 얼마인가?

발행일 2020년 1월 10일 초판 1쇄 발행
지은이 김 익
펴낸이 전귀연
펴낸곳 신광문화사
출판등록 1991년 6월 26일 제6-130호
주소 경기도 파주시 광인사길 201 (문발동, 파주출판도시)
전화 031) 955-4211~6 / 팩스 031) 955-4217
전자우편 donghwapub@nate.com
홈페이지 www.donghwapub.co.kr
공급처 도서출판 동화기술

책값은 뒤표지에 있습니다.
잘못 만들어진 책은 바꾸어 드립니다.

Printed in Korea.

ISBN 978-89-7432-943-3(03530)

이 도서의 국립중앙도서관 출판예정도서목록(CIP)은 서지정보유통지원시스템
홈페이지(http://seoji.nl.go.kr)와 국가자료종합목록 구축시스템(http://kolis-net.nl.go.kr)에서
이용하실 수 있습니다.
(CIP제어번호 : CIP2020000967)

에코액션
ECO-Action

나의 환경발자국은 얼마인가?

이 책을 쓰면서...

2019년 봄, TV를 켜면 어김없이 미세먼지에 대한 이야기가 메인 뉴스를 장식하는 것이 어색하지 않았다. 보도 말미에는 어김없이 시민들에게 반드시 마스크를 쓸 것을 권장하고 마무리한다. 아침에 출근하려고 아파트 출입문을 열면 큼지막한 스티로폼 박스와 종이박스가 어김없이 배달되어 있었고, 어제 배달되어 온 택배 박스를 버리는 것이 나의 첫 일과였다.

아파트의 폐기물 분리수거장을 가보면 어제 버린 것들이 즐비하였다. "이렇게 버려지는 포장 폐기물이 우리 집만 예외적으로 많이 나오진 않을 텐데, 우리나라 대부분의 가정에서 이처럼 포장 폐기물이 버려진다면 이걸 어떻게 처리하지?" 라는 생각이 든 것도 여러 번 이었다. 아마도 멀지 않은 시간 내에 또 한 번 쓰레기 대란이 일어나겠구나... 하는 생각이 든 것이 사실이었다.

문득 이런 포장박스를 주문하는 것도 우리들이고 폐포장박스를 버리는 것도 우리들이기 때문에 우리가 환경문제의 중요성과 환경에 대한 지식을 조금 만 더 이해하고 있으면 행동방식이 서서히 바뀔 수도 있을 텐데... 라는 생각이 들었다.

친환경에 대한 연구와 정책컨설팅을 하는 나로서는 이런 문제에 예민할 수밖에 없었다. 그리고 이런 문제에 대해 내가 해야 할 일이 무얼까? 하는 고민을 하게 되었다.

오래 전부터 내가 해 오던 친환경에 대한 작업을 집필을 통해 정리해보고자 하는 생각이 있었기에 고민은 그리 길지 않았다. 20여 년 전에 미래에 대한 큰 비전이 없이 시작한 친환경에 대한 연구였지만, 해가 거듭될수록 우리가 바뀌지 않으면 우리 사회가 친환경으로 바뀔 수 없다는 결론은 갈수록 더욱 굳어지고 선명해졌다. 우리가 바뀌어야만 소비자에게 물건을 공급하는 기업이 바뀌고, 국민의 생각을 먹고 사는 정치권이 바뀐다. 따라서 친환경의 출발은 기업과 정부가 아닌 소비자이다. 소비자 주도의 친환경 사회를 만들기 위해서는 우리가 환경을 이해하고 접근해야만 한다.

필자는 우리가 환경을 이해하는 출발점은 '인간의 활동은 필연적으로 각종 환경영향을 유발시킨다.'라는 것을 인식하는 것이라고 본다. 언젠가부터 인간의 활동에 따라 필연적으로 발생할 수밖에 없는 각종 환경영향을 발자국(footprint)이라는 지표를 활용하여 표현하는 연구가 늘어나고 있고, 이를 토대로 우리들의 친환경 생활을 유도하려는 움직임이 잦아지고 있다.

이에 따라 이 책에서는 인간 활동을 통해 발생되는 환경영향을 생태발자국과 탄소발자국, 물발자국, 먼지발자국, 화학발자국이라는 개념을 활용하여 표현하는 각종 사례를 제시함으로써 독자 스스로 발자국 지표를 낮추기 위한 해법을 찾는데 도움을 주고자 한다.

우리가 아껴쓰고 나눠쓰고 바꿔쓰고 다시쓰는 아나바다 운동을 생활 속에서 실천하면 각종 발자국 지표를 낮출 수 있다. 하지만 이는 원론적인 것이고 어떻게 해야 하는가는 사람마다 다를 수 있다. 이 책이 독자여러분의 친환경 생활을 위한 가이드를 제시할 수 있었으면 좋겠다.

필자 김 익

차 례

Chapter 01 | 인간활동과 환경영향

1. **어떤 환경영향이 가장 큰가?** ··· 19

2. **환경영향은 종합적으로 바라봐야 한다** ··· 25

3. **환경영향은 제품관점에서 해결해야 효율적이다** ··· 31

4. **친환경 소비가 환경영향을 줄인다** ··· 12

5. **소비패턴의 전환이 환경영향을 변화시킨다** ··· 39
   - 온라인 소비 급증에 따른 포장 폐기물 발생량 증가 39
   - 건강에 대한 관심 증대로 바이오 시장 급증 41
   - 환경을 고려하여 일회용 제품의 소비가 급감 43

6. **포괄적 환경영향 지표로 환경발자국이 떠오른다** ··· 45
   - 환경성 평가 지표로서 발자국(footprint) 45
   - 전통적 환경지표와 발자국 지표의 차이 46
   - 우리 인류의 보호대상으로 인간, 생태계, 자원 48
   - 보호대상과 환경영향 지표 49
   - 환경영향 지표와 발자국 간 연계 50
   - 환경발자국 지표결과는 친환경을 의미하지 않는다 53

Chapter 02 | 인간소비와 생태발자국

1. **생태발자국이란 무엇인가?** ………… 57

우리나라 경제규모는 얼마나 커졌나? 57

우리나라의 자동차 등록대수는 얼마나 증가했나? 58

우리나라의 1인당 전력소비량은 얼마나 증가했나? 59

우리나라의 이동전화 보급률은 어떤가? 61

소비수준 지표로서 생태발자국 62

국가별 생태발자국 상태값 64

전 세계 생태발자국은 매년 증가 추세 66

2. **소비활동에 따른 생태발자국** ………… 69

한국인처럼 소비한다면 지구가 몇 개 필요한가? 69

수도권 직장인의 연간 출퇴근으로 인한 생태발자국이 남한 면적의 6배 70

한국인의 육류소비에 따른 생태발자국은 남한 면적의 3배 72

한국인의 전력소비에 따른 생태발자국은 남한면적의 최대 338배 338

섬유는 생산방식에 따라 생태발자국이 다르다 79

Chapter 03 | 기후변화와 탄소발자국

1. **탄소발자국이란 무엇인가?** ………… 83

겨울철 한파의 주범이 지구온난화인가? 83

지구온난화와 기후변화는 같은 의미인가? 85

지구온난화는 글로벌 환경영향이다 86

지구온난화를 이해하려면 이산화탄소를 알아야 한다 87

온실가스는 이산화탄소를 포함하여 6종이 있다 88

온실가스 종류별로 지구온난화에 기여하는 정도가 다르다 88

탄소배출계수란 무엇인가? 90

탄소배출계수는 직접계수와 간접계수가 있다 92

제품 탄소발자국은 전 과정을 포함해야 한다 94

제품 탄소발자국 의미를 이해하는 것이 친환경소비의 출발점 97

탄소발자국을 줄이기 위해 국민 불편을 감수하는 노력이 필요 99

탄소발자국 감축방안으로서 탄소배출권거래제와 탄소세 100
동일제품에 대해 국가 간 탄소발자국은 다르다 103

2. **친환경소비를 위한 탄소라벨** ······ 107
환경라벨이란 무엇인가? 107
우리나라의 탄소라벨은 탄소배출량 인증과 저탄소 인증이 있다 110
국가별 탄소라벨은 어떤 것이 있는가? 112
탄소감축과 저탄소를 구분하라 114
제조원가를 낮춰 가격 경쟁력을 높인 저탄소제품 115
저탄소제품이 친환경제품인가? 117
내연기관자동차가 전기자동차보다 $LCCO_2$를 7배 더 배출 118
친환경농법으로 생산한 친환경농산물이 온실가스를 줄인다 119
육식과 유제품을 줄이는 것이 저탄소 소비활동 120
고기함량이 높은 펫푸드가 떠오르는 온실가스 배출원 123

3. **저탄소기술이 미래를 이끈다** ······ 125
제품에 대한 $LCCO_2$ 규제가 저탄소기술 개발을 촉진 125
무균충전기술 도입에 따른 용기 경량화 131
식품포장의 인쇄도수를 낮춘 대신 세련된 포장설계로 녹색소비 유도 132
세탁방식의 변경만으로 전력소비 및 세탁시간 감축 134
석유계 소재를 식물계 소재로 대체 135

Chapter 04 | 수자원 고갈과 물발자국

1. **물발자국이란 무엇인가?** ······ 139
우리나라는 물 부족 국가? 139
국제사회의 물 분쟁 및 물 부족 사례 141
우리나라의 수자원 피해 144
물 부족 해결을 위해 물 공급관리에서 수요관리로 전환 146
녹색수와 청색수, 회색수를 이해하라 148
수량과 수질의 통합관리가 필요 151
상수와 지하수는 동일한 물이 아니다 152

호주와 한국에서 상이한 수돗물 1톤의 의미 154
보이지 않는 물 '가상수' 157
물발자국은 어떻게 계산하는가? 159
채식이 육식보다 물발자국을 줄인다 162
사육방식에 따라 상이한 쇠고기 물발자국 163
농산물의 노지재배가 시설재배보다 물발자국을 줄인다 165

2. **수자원 고갈을 막는 물발자국 라벨** ······ 167
탄소는 생활의 문제이지만 물은 생명의 문제이다 167
물 다소비 제품에 대한 물 라벨은 강제인증으로 168
일반 공산품의 물 라벨은 임의인증으로 172

3. **기업경영의 위험요인으로서 물 분쟁** ······ 175
인도에서 물 분쟁으로 공장을 폐쇄한 코카콜라 175
볼리비아 띠키파야 시 주민과 맥주회사 따끼냐 간의 분쟁 176
네슬레의 생수생산으로 프랑스와 파키스탄 등에서 물 분쟁 177

Chapter 05 | 인체건강과 먼지발자국

1. **먼지발자국이란 무엇인가?** ······ 183
이제는 에어포칼립스 시대 183
미세먼지란 무엇인가? 184
황사와 미세먼지의 차이 185
미세먼지의 발생원 186
우리나라 미세먼지 발생수준 187
미세먼지로 인한 영향 191
미세먼지는 1군 발암물질 191
미세먼지로 인한 인체영향 지표로서 DALY 193
미세먼지 발자국 산정 196

2. 생활 속의 먼지발자국 199
미세먼지는 석탄발전이 수력발전보다 최대 87배 더 배출 199
스틸캔의 미세먼지 발생량이 유리병의 2배 이상 201
자동차 종류별로 미세먼지를 얼마나 배출하나? 203
실내공기 우수시설 인증 205
비 흡연 여성의 폐암 발병률 증가원인이 요리? 206
진공청소기가 실내 미세먼지 감소에 효과가 있는가? 208
실내에서 향초를 사용하면 미세먼지가 줄어드는가? 210
흡연 시, 나쁨 단계 $PM_{2.5}$ 농도의 최대 83배 흡입 212

Chapter 06 | 생활안전과 화학발자국

1. 화학발자국이란 무엇인가? 217
화학물질 정의와 특성 217
모든 화학물질은 독성이 있다 218
피톤치드도 독성이 있다 219
음이온이 정말 건강에 좋은가? 220
유해성과 위해성 222
중간점(mid-point)과 종말점(end-point) 224
화학물질 관리에서 화학제품 관리로 226
화학발자국 산정 227

2. 화학제품의 화학발자국 표시 229
농축액상세제의 화학발자국이 일반세제보다 낮아 229
Timberland의 'Green Index' 231
미국 환경청의 'Safer Choice' 232
유럽 생활화학제품의 안전마크 "Clean right" 234
우리나라 안전확인대상 생활화학제품 지정 235
"초록누리"에서 생활화학제품의 안전정보 확인 238

표 목차

표 1　3대 보호대상별 환경영향 범주 ······ 50
표 2　환경영향 범주별 정의 ······ 51
표 3　국가별 육류종류별 소비량(2014년 기준) ······ 72
표 4　발전원별 1kWh당 생태발자국(㎡) ······ 77
표 5　소재, 에너지, 수송방식, 폐기방법별 탄소배출계수 ······ 92
표 6　원료, 에너지, 수송방식, 폐기방법별 탄소배출계수 ······ 93
표 7　제품별 평균 탄소발자국별 전기 및 냉장고 가동 환산치 비교 ······ 99
표 8　탄소배출권거래제와 탄소세 비교 ······ 103
표 9　전 과정 단계별 온실가스 감축활동의 비용절감 여부 분석 ······ 116
표 10　펫푸드 대표 4종에 대한 기준 탄소발자국 ······ 123
표 11　국가별 경제규모 대비 온실가스 배출량 순위 비교 ······ 126
표 12　라면포장 인쇄도수별 온실가스 감축량 ······ 133
표 13　생활하수의 오염도 및 정화에 필요한 물량 ······ 149
표 14　WHO의 발암물질 분류기준에 따른 대기오염물질 분류 ······ 193
표 15　대기오염물질별 $PM_{2.5}$ 상응인자 ······ 196
표 16　안전확인대상 생활화학제품 목록 ······ 237

그림 목차

그림 1 오염물질 이동(Emission Shift) 사례(예: 대기방지설비 설치) …… 26
그림 2 MBR(a) 방식과 A2O(b) 방식에 대한 설계도 …… 27
그림 3 MBR(a)와 A2O(b) 방식의 운영에 따른 환경영향 비교 …… 28
그림 4 일반자동차와 경량자동차간 전 과정 CO_2 비교 …… 33
그림 5 1인 가구 및 쓰레기 증가율 비교 …… 40
그림 6 '친환경' 활동에 대한 소비자 인식 설문조사 결과(2016) …… 41
그림 7 공정개선 전후의 투입물과 산출물 흐름의 비교 …… 47
그림 8 보호대상별 환경영향 및 관련지표 …… 52
그림 9 연도별 국내총생산 증가 …… 58
그림 10 연도별 국내 자동차 등록대수 증가 …… 59
그림 11 연도별 국내 1인당 전력소비량 증가 …… 60
그림 12 연도별 국내 이동전화 가입자수 및 1인당 보급률 …… 61
그림 13 브라질과 한국의 생물용량 및 생태발자국 비교 …… 64
그림 14 국가별 환경발자국 분포 …… 65
그림 15 연도별 생태발자국 분포 …… 67
그림 16 한국인 소비기준에 따른 필요한 지구개수 …… 70
그림 17 자동차 종류별 생태발자국 비교 …… 71
그림 18 음식물 1톤당 생태발자국 비교 …… 73
그림 19 국가별 1인당 생태발자국 비교 …… 74
그림 20 한국인의 육류 섭취에 따른 생태발자국 …… 75
그림 21 OECD 주요국의 1인당 전력소비량 비교 …… 77
그림 22 우리나라의 주거용 및 전체 전력소비에 따른 생태발자국 비교 … 78

그림 23 섬유종류별 1톤당 생태발자국 비교 ………………………… 79
그림 24 지구온난화로 인한 약화된 제트기류 현상 ……………………… 84
그림 25 이산화탄소와 메탄, 아산화질소 간의 지구온난화 기여도 비교 … 89
그림 26 사람(위)과 물건(아래)의 전 과정(life cycle) 비교 ……………… 94
그림 27 각 제품의 전 과정 단계별 탄소발자국 비율(%) ………………… 96
그림 28 이산화탄소 발생량 기준 동급 소비 비교 ………………………… 98
그림 29 탄소배출권거래제 개념도……………………………………… 101
그림 30 프랑스 '노란조끼' 시위 장면 ………………………………… 102
그림 31 코카콜라 500㎖ 용량의 PET 용기제품의 탄소발자국 비교 …… 104
그림 32 동일제품에 대해 국가 간 탄소발자국의 차이 ………………… 105
그림 33 정부와 민간에서 운영하는 환경라벨 ………………………… 108
그림 34 영양정보 표시 예 ……………………………………………… 109
그림 35 탄소발자국 인증 및 저탄소제품 인증도안의 의미 …………… 111
그림 36 세계 각국의 탄소라벨 목록 …………………………………… 113
그림 37 공정 효율개선에 따른 제조원가 절감의 예 …………………… 115
그림 38 저탄소 농산물 인증에 대한 홍보화면 ………………………… 119
그림 39 육류와 유제품, 채소별 $LCCO_2$의 자동차 운행거리 환산량 …… 121
그림 40 국가별 1인당 육식소비량(2013) ……………………………… 122
그림 41 중국의 6대 전력그리드별 에너지 믹스 현황(2017) …………… 127
그림 42 자동차의 전 과정 단계로서 Fuel Cycle과 Vehicle Cycle …… 129
그림 43 PET 용기에 음료의 무균충전 공정…………………………… 132
그림 44 세탁방식 변경에 따른 전력 및 온실가스 감축효과…………… 135
그림 45 계면활성제의 세정원리………………………………………… 136
그림 46 지구상에 가용한 담수량 분포 ………………………………… 140
그림 47 우리나라 연도별 강수량 ……………………………………… 141
그림 48 세계 주요 물분쟁 지역 ………………………………………… 142
그림 49 우리나라 국지적 또는 전국단위 가뭄년도 강수량 분포도……… 145
그림 50 시설별로 용수의 용도별 소비 추이 …………………………… 147
그림 51 빗물의 흐름경로………………………………………………… 150
그림 52 녹색수, 청색수, 회색수와 물발자국 관계 ……………………… 152

그림 53 OECD 국가의 물부족 현황 ………… 155
그림 54 국가별 수자원 이용가능률 비교(1995년과 2025년) ………… 156
그림 55 국가 간 가상수 교역량 ………… 158
그림 56 국내 주요 농축산물에 대한 물발자국(10년 평균) ………… 160
그림 57 공산품과 식품에 대한 물발자국 ………… 161
그림 58 사육방식에 따른 쇠고기의 물발자국 비교 ………… 164
그림 59 노지재배 및 시설재배 농산물의 물발자국 비교 ………… 165
그림 60 호주의 지역별 토양 속 함수량 ………… 169
그림 61 호주 물 효율 라벨 및 라벨의 부문별 의미 ………… 170
그림 62 드럼세탁기의 에너지소비효율등급 표시정보의 의미 ………… 171
그림 63 공산품에 대한 환경부 물발자국 인증도안의 의미 ………… 172
그림 64 통합물발자국(IWF) 인증도안의 의미 ………… 173
그림 65 인도에서 코카콜라 공장의 반대시위 피켓 ………… 176
그림 66 띠끼파야 시민의 따끼냐 맥주공장 반대시위 ………… 177
그림 67 네슬레의 물 분쟁 사례: (좌)프랑스 비텔 (우)파키스탄 라호르 … 178
그림 68 미세먼지 크기 비교 ………… 185
그림 69 우리나라와 OECD 국가들의 $PM_{2.5}$의 농도 추이 ………… 188
그림 70 서울과 외국 주요 대도시 간 $PM_{2.5}$ 농도 비교 ………… 188
그림 71 전국 주요 도시들의 연도별 미세먼지 평균농도(1995~2016년) … 189
그림 72 전국 주요 도시들의 연도별 $PM_{2.5}$ 평균농도(2015~2017년) ………… 189
그림 73 연도별로 차종별 국내 보유대수 비교(2011~2017년) ………… 190
그림 74 미세먼지 노출 시 건강영향: 질병 및 사망발생의 생리학적 경로 … 192
그림 75 DALY의 개념도 ………… 194
그림 76 미세먼지로 인한 전 세계의 사망자 분포 ………… 195
그림 77 전력 발전원별 kWh당 PM_{10} 미세먼지 발생량 비교 ………… 200
그림 78 포장용기 kg당 PM_{10} 미세먼지 발생량 비교 ………… 202
그림 79 자동차 기술별 미세먼지 발자국 비교 ………… 204
그림 80 '맑은숨' 인증도안 ………… 205
그림 81 요리방법별 $PM_{2.5}$ 방출량 비교 ………… 207
그림 82 고등어구이 시 발생한 대기오염물질별 농도(㎍/㎥) ………… 208

그림 83 진공청소기 가동 전후의 미세먼지 농도 비교 ······················ 209
그림 84 향초와 미세먼지 영향 ·· 211
그림 85 흡연시 발생하는 미세먼지와 대기 중 미세먼지 비교 ············· 212
그림 86 위해성과 유해성, 노출량의 관계 ······································ 223
그림 87 화학물질별 화학발자국 산정절차 ······································ 228
그림 88 3종 세제에 대한 화학발자국 비교 ···································· 230
그림 89 팀버랜드의 Green Index 라벨 ·· 231
그림 90 3종류의 Safer Choice 인증제품군 ···································· 233
그림 91 유럽 Cleanright 마크 ·· 235
그림 92 안전기준확인마크 ·· 236
그림 93 표시면 면적별 안전확인 표시사항 ···································· 238
그림 94 생활환경안전정보시스템 정보연계도 ·································· 239
그림 95 생활환경안전정보시스템의 정보제공 대상 ·························· 240

Chapter
01

인간활동과 환경영향

01 >>

어떤 환경영향이 가장 큰가?

태고 적에도 낙엽이 썩는 과정에서 메탄이 발생하였고, 화산폭발로 인해 각종 온실가스와 미세먼지가 대기 중으로 방출되어 왔다. 이처럼 오염물질이 환경 중으로 방출되는 것은 자연계에서도 얼마든지 발생해 왔으며, 자연발생적으로 발생한 오염물질은 지구의 자정작용에 의해 자연 정화되어 지구 수명인 45억 년 동안 천연상태를 유지해 왔다. 이렇게 오랫동안 유지되어 오던 지구의 천연상태가 최근에 심각하게 파괴된 이유는 무엇인가? 그 원인은 인간의 과도한 욕심 때문이다. 즉, 과학기술이 발전하고 소득이 늘어나면서 좀 더 편안하고 충족한 삶을 누리려는 인간의 욕구로 인해 과거보다 자연자원의 채취량과 오염물질 배출량이 급격하게 늘어나, 지구가 자연 정화할 수 있는 범위를 벗어났기 때문이다.

최근 10년을 돌아보면 매우 중요한 환경이슈가 우리 사회를 뜨겁게 달궜다. 먼저 기후변화를 들 수 있다. 지난 100년간 지구의 평균기온은 약 1도가 상승했는데, 북극권은 이보다 훨씬 큰 3~4도 가량이 상승했다. 이로 인해 빙하의 녹는 속도가 빨라지고 바닷물의 흐름이 변화하여 생태계 교란이 예상된다고 한다. 이런 추세로 지구 기온이 상승한다고 가정할 때, 지구의 평균기온이 1.5도 상승하는 시점은 2040년경이라고 한다. 2018년도 한반도의 여름을 보면 강원도 홍천지방에서 기상관측이례로 가장 높은 41.0도를 기록했으며 이날 서울도 39.6도를 기록하여 40도에 육박하였다. 이때 사람들은 기후변화의 심각성을 피부로 느낄 수 있었고, 기후변화의 예방이 얼마나 중요한지를 알게 되었다.

다음으로 화학물질의 습격을 들 수 있다. 건조한 날씨에 충분한 실내 가습을 위하여 가습기가 개발되었고, 가습기에서 뿜어져 나오는 수증기의 살균을 위하여 가습기 살균제가 1994년부터 우리 사회에 출시되어 불티나게 팔려나갔다. 하지만 2011년부터 가습기 살균제를 사용하는 사람을 중심으로 폐 손상이 원인으로 추정되는 사망사건이 줄을 이은 사건이 발생하게 되었다.

오랜 시간을 거치면서 가습기 살균제가 사망의 직접적인 원인이라는 것이 세상에 밝혀지면서 화학제품의 안전관리에 대한 중요성이 부각되었다. 사실 이 사건은 가습기 살균제에 함유된 화학물질에 대한 위해성 관리가 안 되어서 발생한 문제라기보다는 가습기 살균제에 포함된 화학물질이 유해성이 적다고 하더라도 영 · 유아나 산모, 노인과 같은 면역력이 약한 계층이 화학물질에 지속적으로 노출될 경우에 어떤 위해성이 발생할 수 있는지에 대한 심층연구가 진행되지 않은 상태에서 소비자에게 화학제품에 대한 안전한 사용법을 알리지 않아서 발생한 문제이다. 화학제품의 안전관리의 중요성을 다시금 일깨워준 사건은 라돈침대 사건이다. 시중에 출시된 음이온 제품의 대부분은 자연방사능을 방출하는 희토류 광물인 모나자이트를 함유하고 있는데, 모나자이트 광물의 80% 가량이 방사능 물질인 우라늄과 토륨을 함유하고 있다는 점이 문제이다. 더 큰 문제는 우라늄과 토륨을 함유한 모나자이트가 공기 중에서 폐암의 원인이 되는 라돈가스로 바뀐다는 점이다. 하지만 미국 등 일부 국가를 제외하고는 인식이 제대로 되지 않아 규제를 하고 있지 않다.

2018년 5월에는 쓰레기 파동 문제가 우리사회를 뜨겁게 달궜다. 우리나라는 국내에서 발생한 폐플라스틱의 대부분을 중국으로 수출하여 처리해왔지만 2018년 1월부터 중국에서 한국 발 폐플라스틱의 수입을 중단하면서 수출중단으로 수익성이 떨어진 국내 폐기물 수거업체가 채산성이 낮은 공동주택의 폐비닐 수거를 일시적으로 거부하면서 쓰레기 파동문제가 발생하였다. 이로 인해 2019년 1월부터 전국 대형마트 등에서 일회용 비닐봉투의 사용이 전면 금지되는 긍정적인 효과도 발생했지만 원천적으로는 포장폐기물 원천감축의 필요성에 대한 국민인식을 높이는 계기가 되었다.

또한 언젠가부터 매년 늦겨울이나 이른 봄이 되면 어김없이 우리 곁을 찾아오는 불청객인 황사와 미세먼지가 있다. 2019년도에 정부는 미세먼지에 대한 특단의 대책을 세우기 위하여 미세먼지 추경을 별도로 시행할 만큼 미세먼지는 우리 사회의 모든 이슈를 빨아들이는 블

랙홀과 같은 존재가 되었다. 황사는 입자가 커서 내 몸에 축적이 되지 않지만 미세먼지는 몸에 축적되어 알레르기성 결막염, 알레르기성 비염, 기관지염, 천식, 폐포 손상 등을 유발시킬 수 있기 때문에 국민들의 관심이 갈수록 커지고 있다. 그런데 미세먼지는 우리나라보다는 중국에서 발원되는 비율이 더 크기 때문에 우리만의 노력으로 해결될 수 없는 문제이지만 최소한 국내의 발생원을 줄이기 위해서라도 미세먼지 발생의 주 원인을 제공하는 석탄발전 및 경유차 운행을 단계적으로 줄여나가는 것이 중요하다.

위에서 소개한 다양한 환경이슈 중에서 어떤 환경영향이 가장 중요하고 시급히 해결해야 하는가? 겨울과 봄에 이에 대한 설문조사를 한다면 미세먼지가 가장 중요하다고 선택한 비율이 높을 것으로 보인다. 하지만 여름에 남동풍과 태풍이 불어 미세먼지가 씻겨 나가 깨끗한 공기상태가 되면 어김없이 찾아오는 것이 폭염과 열대야이다. 이때가 되면 우리 국민은 기후변화를 가장 중요한 환경이슈로 인식한다. 국민의 시선에 민감한 정부와 언론도 상황에 따라 환경문제에 대한 국민 중요도가 달라지듯이 겨울과 봄이 되면 미세먼지, 여름이 되면 기후변화에 더 집중할 수밖에 없다. 물론 환경문제에 대한 장기적인 대책마련을 하고 있지만 환경문제가 이슈화되면 돌려막기 식으로 문제에 급급하기 때문에 근본적인 해결책을 찾기란 쉽지 않다.

일례로 이명박 정부시절에 저탄소 녹색성장의 일환으로 경유차가 휘발유차보다 연비가 좋고 이산화탄소를 덜 배출한다는 이유로 클린디젤이란 이름을 붙여 유럽의 자동차 배기가스 규제치인 '유로(EURO) 5' 이상의 배출가스 기준을 만족하는 경유 차량에 대해 환경

개선부담금을 면제해 주면서 경유차 보급률을 폭발적으로 증가시켰다. 하지만 이렇게 늘어난 경유차가 지금 미세먼지 발생의 주범 중의 하나로 인식되기 시작하면서 정부는 저공해 경유차에게 주어지던 각종 혜택을 모두 폐지하고 공공부문에서 경유차 운행을 2030년까지 제로화하겠다는 방침을 수립한 바가 있다. 불과 10년 사이에 정부 정책이 180도 뒤집어져서 저공해 경유차가 사실상 시장에서 퇴출되었다고 봐도 무방하다. 이렇듯 정부정책이 180도 뒤집어진 원인은 무엇인가? 그 원인은 당시에 가장 시급한 특정 환경이슈를 해결하기 위한 정책으로 인한 반대급부를 생각하지 않았기 때문이다.

02 >>

환경영향은 종합적으로 바라봐야 한다

우리나라의 환경정책은 산업화를 겪으면서 괄목상대하게 성장하였다. 실제로 산업화에 따른 예기치 못하는 각종 환경문제가 발생하면 그때마다 임시방편 식으로 새로운 환경정책이 쏟아져 나왔다. 물론 이로 인해서 현재 우리나라의 환경정책은 세계 어느 나라에 견주어 봐도 손색이 없을 정도로 발전된 것이 사실이다. 그런데, 앞에서 언급한 이명박 정부에서 클린디젤 정책으로 온실가스를 줄이려던 것이 오히려 지금에 와서는 미세먼지의 주범으로 인식되면서 관련 정책을 폐기처분한 것과 같이, 정부의 환경정책이 상황에 따라 180도 뒤바뀌지 않으려면 정부의 환경정책을 특정 이슈만을 바라보지 말고 정책도입에 따른 효과를 종합적으로 바라보고 결정해야 한다.

그림 1을 보면 환경오염을 발생시키는 공장에서 투입물로 원료 90, 공정수 3, 화학첨가제 1, 연료 6이 공정으로 들어가고, 공정에서 발

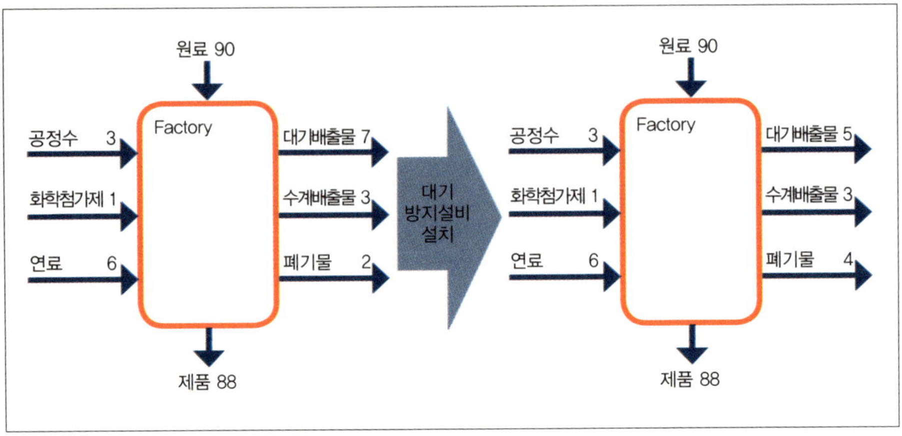

그림 1 오염물질 이동(Emission Shift) 사례(예: 대기방지설비 설치)

생하는 것은 제품이 88, 대기 배출물 7, 수계 배출물 3, 폐기물이 2가 발생한다고 가정하자. 즉, 투입물이 100 들어가서 산출물이 100 나오는 예이다. 여기서 투입물 중 화학첨가제는 독성영향을 유발시킬 수 있으며, 대기 배출물은 기후변화와 미세먼지라는 환경영향을 일으키는 원인이 되고, 수계 배출물은 하천을 오염시키며, 폐기물은 자원고갈 및 매립지 감소, 토양오염의 원인이 된다. 공장 관계자는 대기 배출물의 발생량이 너무 많아 기후변화나 미세먼지의 영향을 증가시킬 수가 있어 경영진의 지시에 따라 대기방지설비를 설치하여 대기 배출물을 7에서 5까지 줄였다. 이것을 보고 공장 관계자는 대기배출물이 2만큼 줄어들었다고 간주하지만 엄밀히 말해서 대기 배출물은 줄어든 것이 아니라 다른 환경오염 매체로 이동한 것이다.

그림 1을 보면 2만큼 줄어든 대기 배출물은 폐기물로 전환되었다. 따라서, 대기 환경물에 의한 대기오염은 줄어들 수 있지만 폐기물 발

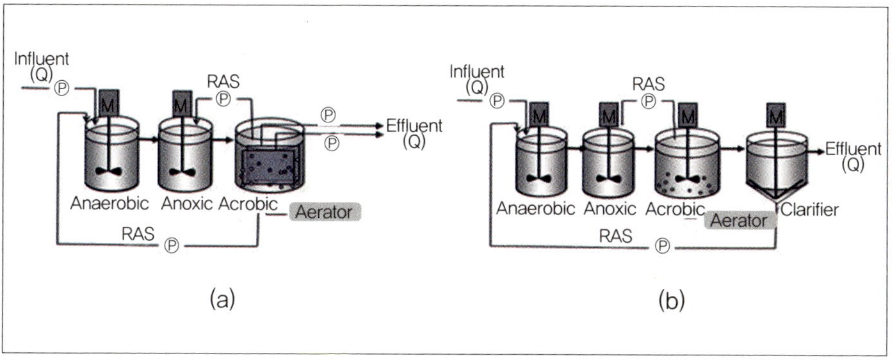

그림 2 MBR(a) 방식과 A2O(b) 방식에 대한 설계도

생으로 인한 토양오염이 증가할 수 있다. 다시 말해서 대기방지설비를 설치하기 전에 설비의 도입에 따라 대기오염물질이 얼마나 줄어들고, 줄어든 오염물질을 어떤 경로를 통해 적합하게 처리하는 것이 환경영향을 최소화할 수 있는지를 종합적으로 검토한 후에 처리방향을 결정해야 한다. 이러한 결정과정이 없으면 지금은 맞아도 시간이 지나면 틀릴 수 있다.

환경문제를 종합적으로 바라봐야 하는 이유를 설명하는 다른 사례는 그림 2와 같다. 최근에 폐수처리장을 건설할 때 주로 사용하는 폐수고도처리 방식은 그림 2와 같이 MBR(Membrain Bio-Reactor) 방식과 A2O(anaerobic-Anoxic-Oxic) 방식이 일반적이다. MBR 방식은 활성슬러지 공정과 분리막(membrane) 기술의 장점을 결합한 방식으로 부유고형물을 거의 100% 제거할 수 있어 슬러지 침강성에 관계없이 안정적인 처리가 가능한 방식이다. 반면에 A2O 방식은 호기성과 혐기성 소화조를 이용하여 질소와 인을 제거하는 방식이다. 두 방식

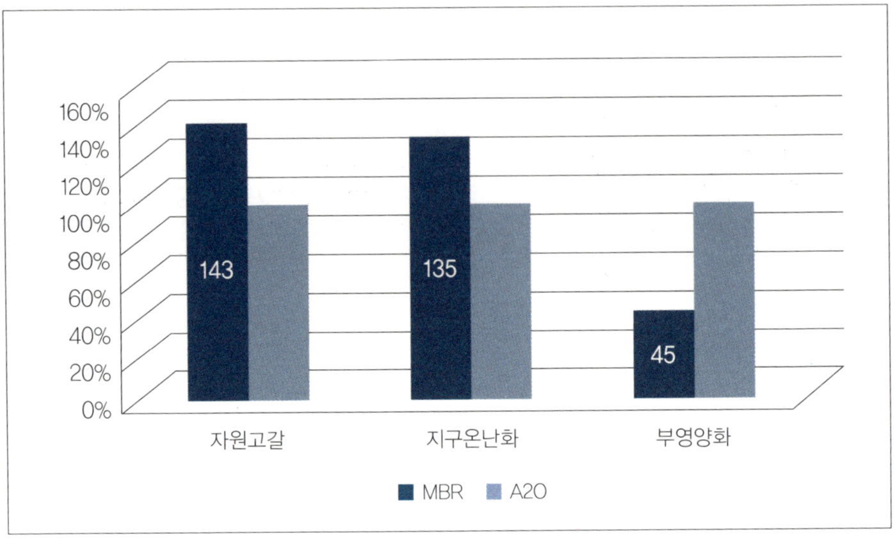

그림 3 MBR(a)와 A2O(b) 방식의 운영에 따른 환경영향 비교

을 통해 처리된 방류수의 수질은 법적 기준치보다 훨씬 낮다. 그런데, 폐수처리장의 설계방식을 결정하는 정책입안자는 MBR 공법을 활용한 폐수처리방식이 A2O 방식보다 오염물질의 제거효율이 높기 때문에 MBR 방식의 도입을 선호한다. 하지만 이는 단순히 오염물질의 제거효율만을 본 결정이다. 만일 오염물질의 제거효율 뿐만 아니라 오염물을 제거하는 과정에서 사용한 에너지 소비로 인한 자원고갈과 지구온난화 영향, 산성화, 미세먼지 영향 등을 종합적으로 고려했다면 어떻게 되었을까?

그림 3은 MBR 방식과 A2O 방식에 대한 자원고갈과 지구온난화, 호수의 부영양화에 대한 환경영향을 분석한 결과이다. 이에 따르면 부영양화에 의한 환경영향 정도는 MBR 방식이 A2O 방식의 45% 수

준인 것을 확인할 수 있다. 즉, A2O 방식에 의해 오염물을 제거하는 동안에 발생시킨 부영양화에 대한 환경영향을 100이라고 볼 때, MBR 방식으로 처리한 환경영향이 45%에 불과하다는 것이다. 하지만 부영양화 이외의 다른 환경영향인 자원고갈과 지구온난화에 대한 영향을 보면 MBR 방식이 A2O 방식에 비해 약 40% 정도 환경영향이 큰 것을 확인할 수 있다. 만일 폐수처리장의 처리공법을 선정하는 과정에서 정책결정자가 그림 3의 결과를 토대로 정책결정을 하였다면 지금과 같이 MBR 방식을 간단하게 결정하지는 못했을 수도 있다. 이렇듯 정책결정 과정에서 연구 자료를 참고할 때는 특정 이슈만을 볼 것이 아니라 종합적인 관점에서 연구가 이뤄진 것을 참고해야만 합리적인 의사결정을 할 수 있다.

03 >>

환경영향은 제품관점에서 해결해야 효율적이다

지금까지 사업장 환경관리는 사업장에서 배출되는 대기 배출물과 수계 배출물을 ppm 단위의 농도로 측정하고, 방지시설을 설치하여 배출농도 및 배출총량을 줄여왔다. 사업장 폐기물은 폐기물 처리업체에 위탁하여 처리하는 방식을 택해 왔다. 또한 환경관리에 대한 성과평가를 위하여 총 배출량 및 원단위 배출량을 산정해 왔다. 즉, 공장을 가동하는 과정에서 발생한 환경배출물만 측정하고 관리하여왔다. 이것이 전통적인 환경관리 방식이다.

하지만 지금의 환경관리 방식은 제품을 생산하는 사업장에 대한 전통적인 환경관리에 더하여, 제품생산에 필요한 소재생산과정에서의 환경 배출물에 따른 환경영향과 제품을 사용하는 과정에서의 환경영향, 제품을 재활용하고 폐기하는 과정에서의 환경영향을 종합적으로 바라보고 있다. 왜냐하면 국제사회의 환경관리 방식이 사업장 중심이 아닌 제품 중심의 환경관리를 요구하고 있기 때문이다. 실제로 국제무역에 있어서 친환경제품에 대한 니즈는 갈수록 늘어나고 있는데, 여기서 말하는 친환경제품이란 제품의 원료가 되는 소재를 생산하고 제품을 생산하며, 사용하고 폐기하는 과정에서 환경영향을 최소화한 제품이다.

실제로 기후변화에 대한 국제적인 관심 속에 온실가스를 가장 많이 배출하는 자동차에 대한 온실가스 배출량을 규제하는 조치가 취해지고 있다. 이에 따라 글로벌 자동차 제조사는 기존의 내연기관 자동차를 전기자동차와 같은 친환경자동차로 전환하는 방안과 기존의 내연기관 자동차에서 무거운 철강소재를 고강도 경량소재로 대체하여 차량의 무게를 줄여 자동차 연비를 높이려는 방안을 내놓고 준비를 하고 있다. 세계철강협회는 글로벌 자동차 제조사의 이러한 움직임에 위기감을 느끼고 철강소재를 사용한 일반자동차와 경량소재를 사용한 경량자동차를 대상으로 전 과정 평가(Life Cycle Assessment, LCA)를 수행하고 온실가스 감축가능성을 분석한 바가 있다.

그림 4는 세계철강협회(World Steel Association, WSA)에서 발간한 경량자동차에 대한 전 과정 평가에 따른 비교결과이다. 전 과정 평가는 제품의 생산과 소비, 폐기 등의 과정에서 소비한 자원과 발생한 오염물질로 인한 영향을 체계적으로 평가하는 환경성평가 기법이다. 세계 자동차 업계는 파리기후협약 이후에 자동차로 인해 배출되는 온실가스를 줄이기 위해 전기자동차 등 친환경자동차 이외에 기존 자동차를 경량화 하여 연비를 줄여 온실가스를 줄이려는 노력을 하고 있다. 실제로 자동차에서 가장 무거운 철판과 강철 프레임을 알루미늄

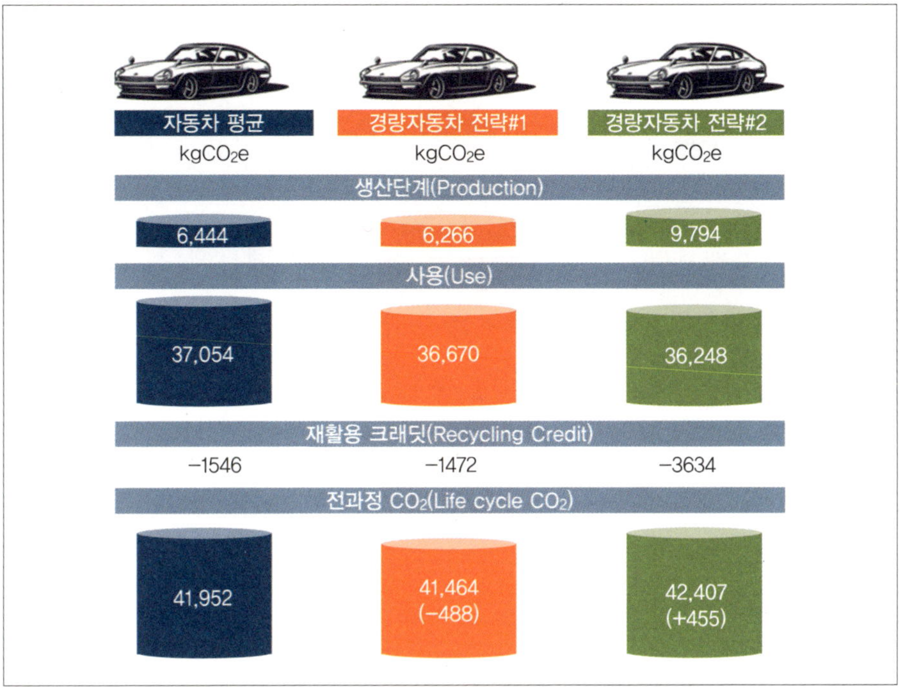

그림 4 일반자동차와 경량자동차간 전 과정 CO_2 비교

[출처] Taking a Life Cycle Approach to Automotive Environmental Policy (Roland Geyer, 2016)

이나 탄소섬유복합체(Carbon Fiber Reinforced Plastics, CFRP)와 같은 고강도 경량소재로 대체함으로써 자동차의 무게를 줄여 운행과정에서 온실가스를 줄이고자 하는 전략을 수립하여 시행하고 있다. 그런데, LCA를 활용하여 일반 자동차와 2종류의 경량자동차의 소재 및 자동차생산과 운행, 해체 및 폐기단계 등에서 발생한 온실가스를 종합적으로 비교 평가한 결과, 첫 번째 전략인 고강도 탄소섬유 소재를 채택한 경량자동차는 일반 자동차에 비해 온실가스가 줄어들었지만, 두 번째 전략인 알루미늄 등 경량금속을 채택한 경량자동차는 일반

자동차에 비해 오히려 온실가스가 늘어난 것을 볼 수 있다.

소재 및 자동차의 생산과정만을 보면, 제1 전략을 채택한 경량자동차는 생산과정에서 철강소재를 사용한 일반자동차와 비슷한 양의 온실가스를 배출하지만 전략 2의 경량자동차는 소재생산과정에서 철강소재보다 다량의 에너지를 소비하기 때문에 철강소재보다 150%의 온실가스를 더 배출하는 것을 볼 수 있다. 자동차 운행과정만을 보면, 운행과정은 일반적으로 자동차의 생산과 운행, 폐기 등의 모든 과정에서 배출한 온실가스의 약 88%를 배출하는데 자동차 경량화로 인해 전략 1과 전략 2가 일반 자동차에 비해 약 2% 정도 온실가스를 감축한 것을 볼 수 있다. 2%가 적게 보일 수도 있지만 운행과정이 전체 온실가스 배출의 88%를 차지하기 때문에 절대량의 측면에서는 감축효과가 크다고 볼 수 있다.

마지막으로 자동차 해체 및 재활용에 따른 환경이득(credit)을 보면, 일반 자동차의 환경이득에 비해 전략 1의 환경이득은 비슷한 수준이지만 전략 2의 환경이득은 일반자동차의 약 2.4배이어서 감축효과가 매우 큰 것을 알 수 있다. 생산과 운행, 해체 단계의 온실가스 배출 및 감축량을 종합한 결과, 전략 2는 자동차의 해체과정에서 온실가스 감축에 따른 크래딧이 일반자동차에 비해 2.4배 만큼 효과가 컸지만 소재의 생산과정에서 온실가스 배출이 철강소재에 비해 월등히 많아서 결국에는 경량자동차임에도 불구하고 온실가스 배출은 일반자동차에 비해 늘어났다. 이처럼 자동차의 환경영향은 소재생산에서부터 사용, 폐기 등의 모든 과정에서 발생한 영향을 종합적으로 검토하여 결정해야만 왜곡되지 않고 합리적인 의사결정을 할 수 있다.

04 >>

친환경 소비가 환경영향을 줄인다

우리는 지금까지 환경영향을 일으키는 주범은 발전소와 공장을 가동함에 따라 발생한 배출물과 폐기물이라고 생각해 왔다. 물론 지금도 그런 생각은 변함이 없을 것이다. 왜냐하면 미세먼지와 같은 새로운 환경이슈가 나오면 뉴스에서 어김없이 발전소나 공장의 굴뚝에서 흰 연기가 뿜어져 나오는 자료화면을 내놓기 때문이다. 그런데 발전소나 공장을 가동하는 이유는 사람들이 필요로 하는 제품이나 서비스를 생산하기 위함이다. 따라서 전적으로 기업의 책임으로만 돌리기는 어렵다. 이처럼 환경영향을 일으키는 주범은 기업(생산자)만이 아니라 소비자도 포함된다고 말하는 연구가 있어서 소개한다.

미국 예일대학교의 Marian R. Chertow 교수는 'I-PAT 관계식'을 발표하고 이 관계식을 통해 인간 활동과 환경영향간의 관계를 해석하려 했다. 이 관계식에서 'I'는 환경영향(environmental impact)을 의미하고, 'P'는 인구수(population), 'A'는 물질의 풍요도(affluence)로서 인간의 물질 소비량을 의미한다. 일반적으로 소비량은 생산량과 거의 일치하기 때문에 'A'는 물질 생산량으로도 해석할 수 있다. 마지막으로 'T'는 제품 1단위당 환경영향 정도를 나타낸 것으로 환경기술의 수준을 의미한다. 즉, 환경기술이 우수할수록 제품 1단위당 발생하는 환경오염물질이 줄어든다. 여기서 인구수(P)와 1인당 소비규모(A)의 곱은 총 소비(총 생산)를 의미하므로 환경영향은 제품 1단위당 환경영향(T)과 총 소비(P · A)의 함수이다.

환경영향(I) =
인구수(P) × 1인당 소비규모(A) × 제품 1단위당 환경부하(T)

이 관계식에서 보는 바와 같이 환경영향(I)을 낮추기 위해서는 3대 변수인 인구수(P) 또는 1인당 소비규모(A), 제품 1단위당 환경부하(T)를 낮추어야 한다. 여기서 소비규모(A)는 기업(생산자)이 아닌 소비자의 의지에 따라 변화되는 문제이고, 제품 1단위당 환경부하(T)는 기업의 노력에 의해 낮출 수 있다. 그런데, 기업이 연구개발을 통해 제품 1단위당 줄이는 환경 부하율(%)보다 1인당 소비 증가율(%)이 더 크면 결국은 환경영향이 늘어난다. 예를 들어, 제품 1단위당 환경부하가 5%가 줄어들었다고 가정하면, 소비 증가율이 5%를 초과할 경우에는 결국은 환경영향은 늘어난다. 즉, 기업이 연구개발을 통해 제품 1단위당 환경영향을 줄이는 것은 한계가 있지만 소비 증가는 한계가 없기 때문에 어떤 식으로든 소비를 줄이지 않으면 환경영향을 줄일 수 없다. 여기서, 소비자가 지구환경 보호를 위해 자신의 소비를 줄이는 것은 결코 쉽지 않다. 그런데도 실제로 지구환경 보호를 위해 소비가 줄어들었다고 한다면 기업매출이 감소하여 경제성장의 발목을 잡을 수 있다. 따라서 환경영향을 낮추기 위해 소비규모를 줄이는 것도 적절한 방안이 아니다.

이에 UN은 1992년에 브라질 리오데자네이로에서 개최된 지속가능 발전을 위한 지구정상회담(Earth Summit, 일명 리우회담)에서 지속가능 소비생산을 위하여 실질적인 소비를 줄이는 것이 아니라 소비는 지금처럼 하되 소비자에 대한 녹색소비 교육을 강화하여 소비과정에서 친환경제품(eco-product)의 소비를 늘리도록 유도하는 것이 중요하다고 하였다. 이렇게 함으로써 기업들이 매출을 늘리기 위해 자발적으로 친환경제품을 생산하도록 유도하여 환경영향을 줄이는 방안이 최선의 해법이라고 제시하고 있다.

05>>

소비패턴의 전환이 환경영향을 변화시킨다

온라인 소비 급증에 따른 포장 폐기물 발생량 증가

우리나라 소비패턴의 가장 큰 변화는 오프라인 구매가 급격히 줄어들고 온라인 구매가 늘고 있다는 점이다. 실제로 2018년 온라인 구매액은 약 111조 9000억 원으로 전년대비 22.6%가 증가하였는데, 온라인 구매에서 모바일을 활용한 구매가 68조 9000억 원으로 전년대비 31.7%가 증가하여 온라인 구매에서 모바일에 의한 구매가 점차 확대되고 있는 분위기이다. 제품군별로 전년 대비 증감률을 보니, 가전 · 전자 · 통신기기가 29.2%가 증가하였고, 여행 및 교통부문이 19.9%, 음식 서비스가 79.6%를 차지하였다. 이처럼 온라인 구매가 폭발적으로 증가한 원인은 바쁜 현대인이 모바일 앱을 활용하여 간편하게 주문하면 총알배송, 로켓배송과 같은 당일배송을 활용하여 생활용품 및

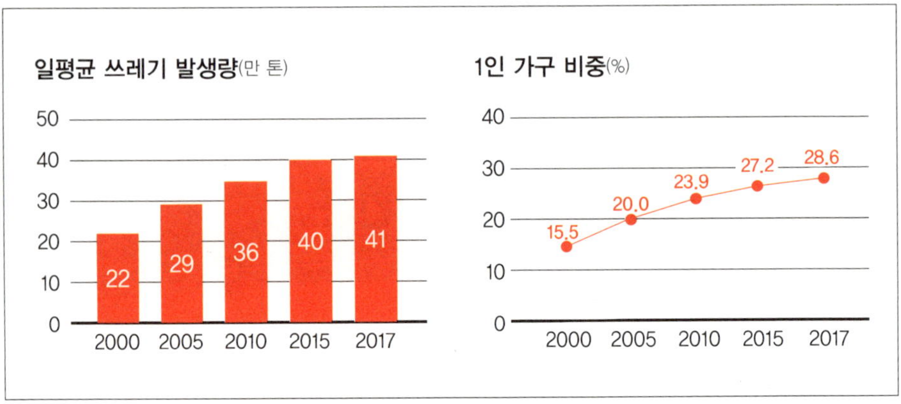

그림 5 1인 가구 및 쓰레기 증가율 비교
[출처] 환경부, 통계청의 자료를 인용하여 KBS가 보도한 내용

음식료품을 간편하게 받을 수 있기 때문이다.

온라인 구매가 늘어나면서 반대급부적으로 배송과정에서 물건의 파손 및 손상을 최소화하기 위하여 과대포장을 하면서 국민 1인당 플라스틱 사용량이 급격하게 증가하고 있다. 실제로 유럽플라스틱제조자협회(EUROMAP)에서 발표한 바에 따르면 자체 플라스틱 생산능력을 갖춘 세계 63개국 중에서 우리나라의 1인당 플라스틱 포장재의 소비량이 2015년 기준으로 61.97kg으로 벨기에에 이어 세계 2위라고 발표했다. 오프라인 시장에서는 비닐봉지 사용금지 조치 등 쓰레기를 줄이기 위한 다양한 정책이 시행되고 있지만, 스마트폰 보급에 따라 오프라인 시장보다는 온라인 시장이 확대되고 이에 더하여 1인 가구의 증가로 포장재 사용량이 급증하여 플라스틱 포장용기 소비량이 2002년 대비 2017년에 두 배가 증가하였다.

그림 5는 2019년 4월에 KBS 뉴스에서 환경부와 통계청의 데이터를

인용하여 통계조사 결과를 발표한 것인데, 이에 따르면 2000년에 우리나라의 1인 가구 비중이 15.5%이던 것이 2017년에 28.6%로 불과 16년 사이에 13.1%가 늘어났다. 또한 일평균 쓰레기 발생량도 2000년에 22만 톤에서 2017년에 41만 톤으로 16년 사이에 86%가 증가하였다고 하였다. 이런 증가 추세로 볼 때, 당분간 우리나라의 쓰레기 발생량은 계속 증가할 것으로 예상된다.

건강에 대한 관심 증대로 바이오 시장 급증

2000년대 초반에 한국환경산업기술원(구 친환경상품진흥원)에서 수행한 설문조사에서 '친환경'이라 할 수 있는 대표적인 것은 무엇인가? 라는 질문에 가장 많이 응답한 것이 '재활용'이고 다음으로 '생분해'가 나왔다. 이런 설문결과는 2010년까지 유지되어 왔다. 그런데, 2010년 이후에 가습기 살균제 사건 등 각종 안전관련 이슈가 크게 부각되면서 '친환경'에 대한 소비자의 관점이 바뀌고 있다. 실제로 2016

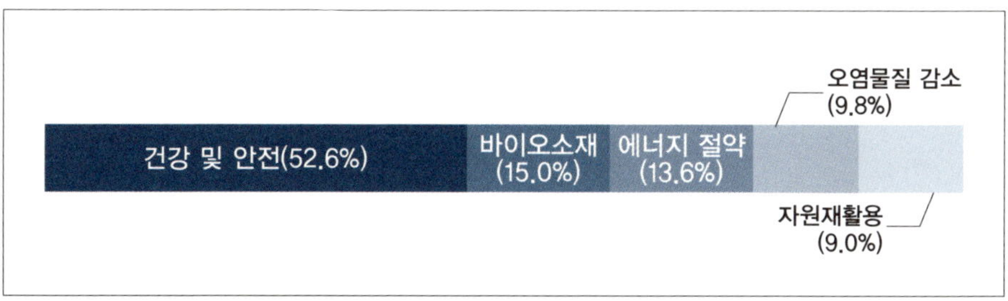

그림 6 '친환경' 활동에 대한 소비자 인식 설문조사 결과(2016)

년에 '친환경'으로 대표적인 것은 무엇인가? 라는 동일한 질문에 가장 많이 응답한 것이 '화학물질 최소화'이고 그 뒤를 이어 '바이오(Bio)'가 차지하였으며, 그 다음 순위로 '에너지 절약'과 '재활용', '생분해'가 차지하였다. 이상의 설문결과로 볼 때, 지난 10년 사이에 '친환경'에 대한 소비자의 인식이 '재활용이 잘 되고 잘 썩어야 된다.'라는 관점에서 '안전하고 건강하며 기후변화에 대응한 활동'이라는 관점으로 전환되었다는 것을 알 수 있다.

소비자의 안전에 대한 관심의 증가는 정부정책으로 이어져 세정제, 합성세제, 표백제, 섬유유연제, 자동차용 워셔액, 코팅제, 방청제, 접착제, 방향제, 잉크 등 23개 생활화학제품을 위해우려제품으로 지정하고 이들에 대한 안전 · 표시기준 준수여부를 확인하여 회수 및 판매금지 조치를 하고 있어서 안전기준을 위반하는 제품은 시장에서 퇴출되고 있는 분위기이다. 이런 분위기는 유아용품에서 두드러지는데, 대한화장품협회의 조사결과 가습기 살균제 이슈가 한창인 2012년부터 매년 3.5% 이상의 매출증대를 보이고 있다. 출산율이 지속적으로 감소하고 있는 추세를 감안할 때 이러한 매출증대는 의미 있는 성장세로 보인다. 또한, 소비자들은 아무리 고가이더라도 유아용품은 안전한 제품을 구매하겠다는 구매층이 30%를 육박하는 것으로 나타났다. 이처럼 화학물질을 사용하지 않는 식물 유래의 제품의 소비가 증가하고 있어서 유해성이 있는 화학물질과 생활화학제품의 소비는 계속 감소할 것으로 보인다.

환경을 고려하여 일회용 제품의 소비가 급감

플라스틱 소비량이 급증하고 이로 인한 환경영향이 커짐에 따라 환경부는 2018년 8월 2일부터 매장 내 일회용 컵 사용을 금지하였고, 2019년 1월 1일부터 대형마크와 매장크기 165㎡ 이상의 슈퍼마켓에서 일회용 비닐봉투의 사용을 금지하는 조치를 취하였다.

이에 따라 머그컵과 텀블러를 사용하는 소비자층이 대폭 늘어났고, 마트에 갈 때 장바구니를 가지고 다니는 소비자층이 늘어난 것을 확인할 수 있다. 물론 아직 시행한 지가 얼마 되지 않아 의미 있는 통계치를 확인할 수는 없지만, 일회용품에 대한 폐해를 미디어를 통해 국민들에게 지속적으로 알려서 일회용품 규제로 인한 혼란이 생각보다는 낮은 것으로 분석되었다. 그밖에 글로벌 커피 전문점을 중심으로 일회용 플라스틱 빨대를 종이로 대체하는 움직임이 일고 있는데, 서울시는 식당이나 카페에서 일회용 빨대 사용을 금지하는 것에 대한 설문조사를 한 결과 응답자의 92%가 찬성한 것으로 나타났다.

이상과 같이 일회용 플라스틱 제품의 소비가 줄어듦에 따라 종이로 대체되거나 불필요한 플라스틱 소비가 줄어들면서 플라스틱 생산 과정에서 에너지 소비로 인한 영향과 플라스틱 폐기에 따른 토양오염, 대기오염, 수질오염 등의 환경영향을 줄일 수 있다.

06>>

포괄적 환경영향 지표로 환경발자국이 떠오른다

환경성 평가 지표로서 발자국(footprint)

발자국(footprint)이란 단어의 사전적 의미를 보면 '발로 밟은 자리에 남은 모양' 또는 '발을 한 번 떼어 놓는 걸음을 세는 단위'이다. 즉, 발자국이란 사람들이 움직이면서 바닥에 남겨진 흔적이다. 인간은 다양한 활동을 통해 수익을 창출하기도 하지만 이 과정에서 반드시 환경영향을 유발시킨다. 이처럼 인간의 활동으로 인해 발생되는 환경영향을 사람의 움직임을 대표하는 발자국이란 용어를 활용하여 지표화하려는 움직임이 있다.

물발자국(water footprint)에 대한 산정 방법론을 개발한 Hoekstra는 2008년에 '발자국'을 인간에 의해 차용된 천연자원의 정량적 수치라고 정의하였고, 2009년에 개최된 UNEP/SETEC 컨퍼런스에서는 '발자국'을 인간 활동이 서로 다른 환경부하를 어떻게 일으키고 지구의 지속가능성에 영향을 미치는지를 설명하기 위한 지표라고 정의하였다. 이처럼 '발자국'이란 지표는 자연발생적인 환경영향이 아닌 인간 활동에 의해 인위적으로 만들어진 환경영향을 측정하고 관리하기 위한 지표라고 정의할 수 있다.

전통적 환경지표와 발자국 지표의 차이

일반적으로 사업장이 환경법규를 위반했는지를 관리하기 위해 사용하는 전통적인 환경지표로 PM_{10}[1], BOD[2], COD[3] 등이 있다. 이 지표들은 사업장 단위에서 발생한 오염물의 양을 PPM[4]과 같은 농도단위로 나타낸 것으로 실제 환경으로 배출한 양을 나타낸 것이 아니다. 배출량을 환산하기 위해서는 시간대별 배출유량을 알아야 환산할 수 있

---

1) PM_{10}: 지름이 10마이크로미터 이하의 미세먼지(Particle Matter)로 $PM_{2.5}$와 함께 미세먼지의 심각도를 나타내는 대표적인 지표이다.

2) BOD: 생물학적 산소요구량(Biochemical Oxygen Demand)으로 호기성 미생물이 일정 기간 동안 물 속에 있는 유기물을 분해할 때 사용하는 산소의 양을 말하는 것으로 물의 오염정도를 표시하는 지표로 사용된다.(출처: 두산백과)

3) COD: 화학적 산소요구량(Chemical Oxygen Demand)으로 오염된 물에 과망간산칼륨이나 중크롬산칼륨 등 수용약을 산화제로 첨가하면 유기물이 산화되는데, 산화될 때 소비되는 산소량을 ppm으로 표시한 것으로 물의 오염정도를 나타낸 지표로 사용된다.(출처: NAVER 지식백과)

4) PPM: 백만분율(Parts Per Million)으로 어떤 배출물의 양이 전체 유량의 100만분의 몇을 차지하는가를 나타낼 때 사용되며, 오염물질의 농도를 측정할 때 사용되는 단위이다.(출처: NAVER 지식백과)

다. 이처럼 전통적인 환경지표는 기업의 생산 활동에 따른 오염물질의 관리에 초점을 맞추고 있다. 즉, 발생하는 오염물질이 환경으로 나오기 전에 인체와 생태계에 해가 되지 않도록 처리하는 과정이 수반되어야만 한다.

하지만 사업장에서 진정한 의미에서 환경보호를 하기 위해서는 오염물질을 적절하게 처리하여 환경으로 배출하는 것보다 환경으로 배출되는 오염물질의 총량을 줄이는 노력을 해야 한다. 발생량을 줄이기 위해서는 생산효율을 높여 불량률을 낮추는 노력을 해야 하는데, 이렇게 함으로써 동일한 양의 제품을 생산하는 동안에 제품 1단위당 자원사용량을 줄이고 폐기물 발생량을 줄이며, 에너지 사용량을 줄일 수 있다. 그림 7의 예를 보면 당초 시스템(system 1)은 원료 90을 투입하여 제품 85를 생산하고 폐기물 5가 발생하는 상황이다. 당초 시스템의 생산수율 개선을 통한 경제성을 높이기 위한 노력으로 제품은

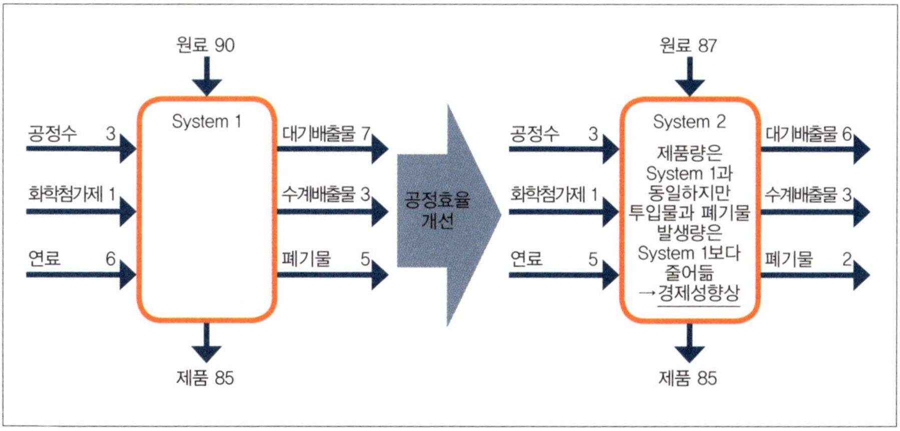

그림 7 공정개선 전후의 투입물과 산출물 흐름의 비교

system 1과 동일하게 85를 생산하지만 불량률을 낮춰 폐기물 발생량을 5에서 2로 낮춰 실질적인 원료투입을 87로 줄였다. 이 뿐만 아니라 가공과정에서 원료 투입량이 줄어들기 때문에 에너지 소비가 줄어들고, 원료 투입량과 에너지 투입량을 줄임으로써 수익성은 자연스럽게 높아질 수 있다. 이러한 활동이 환경경영이다. 즉, 기업이 환경경영을 통해 생산수율을 높이는 활동을 통해 제품 1단위를 생산하는 동안에 에너지를 얼마나 소비하고 자원을 얼마나 소비하며, 온실가스 등 오염물질을 얼마나 배출하는지를 나타내는 지표가 발자국이다.

이와 같이 발자국 지표와 전통적인 환경지표의 가장 큰 차이점은 전통적 환경지표는 생산수율 등을 무시하고 단순히 오염물질의 발생에만 초점을 맞추지만 발자국 지표는 생산수율을 고려한 원료투입과 오염물질을 종합적으로 고려하기 때문에 기업의 환경경영 활동을 가장 적절하게 표현할 수 있는 지표라는 것이다. 따라서, 발자국 지표가 개선된다는 것은 효율개선을 의미한다.

우리 인류의 보호대상으로 인간, 생태계, 자원

우리 인류가 지구에서 영원히 살아가기 위해 필수불가결한 것은 무엇인가? 첫 번째로 지구상에 인간이 존재하지 않으면 무의미하다. 두 번째로 인간과 더불어 공기와 물, 태양, 자연 등 생태계가 있어야 한다. 마지막으로 인간과 생태계를 유지하기 위해서는 자원이 필요하다. 이 세 가지, 인간과 생태계, 자원을 우리 인류가 지구상에 영원히 존재하기 위하여 반드시 보호해야 할 대상(safety guard)이라고 한다.

그런데, 오히려 인간 활동으로 인해 발생한 각종 환경오염물질로 인해 우리가 보호해야 할 대상인 인간과 생태계, 자원이 파괴되고 있다. 실제로 화학물질의 사용과 노출로 인해 인간과 생태계가 독성영향을 야기할 수 있다. 그리고 각종 오염물질과 폐기물로 인해 생태계가 파괴되어 기후변화와 미세먼지, 스모그, 폐수오염 등의 문제를 일으킨다. 마지막으로 사람의 욕구를 충족시키기 위해 무분별하게 자원을 채취함으로써 지구상에 가용한 자연자원을 고갈시키고 있다. 대부분의 자연자원은 고갈성이라서 한 번 고갈되면 다시 복구할 수가 없다. 이처럼 인간 활동에 의해 발생하는 환경영향의 정도를 지표로 표현한 발자국 지표는 인간과 생태계, 자원이 얼마나 파괴되는지를 나타낸다.

보호대상과 환경영향 지표

인간 활동으로 인해 우리가 보존해야 할 보호대상인 인간과 생태계, 자원이 얼마나 파괴되는지를 파악하기 위하여 표 1과 같은 다양한 환경영향 지표를 사용한다. 환경영향 지표는 영향이 발생했을 때 피해가 발생하는 범위에 따라 지구규모와 국가규모, 지역규모로 구분한다. 먼저 인간의 건강을 어느 정도 해치는지를 평가하기 위한 지표로 미세먼지 영향과 인체 독성영향이 있다. 다음으로 생태계를 파괴하는 정도를 평가하기 위하여 대기환경과 수질환경, 토양환경으로 구분하

표 1 3대 보호대상별 환경영향 범주

보호대상 \ 피해범위		지구규모	국가규모	지역규모
인간			• 미세먼지 영향	• 독성영향
생태계	대기	• 지구온난화 • 오존층 고갈	• 산성화	
	수계			• 부영양화 • 수생생태독성영향
	토양			• 토양생태독성영향
자원		• 광물자원 고갈 • 에너지자원 고갈	• 수자원 고갈	

여 환경영향을 분류한다. 대기환경을 평가하는 지표로는 지구온난화와 오존층 고갈, 산성화가 있고, 수질환경에 대한 평가지표로는 부영양화와 수생생태독성이 있으며, 토양환경에 대한 평가지표로는 토양생태독성이 있다. 마지막으로 자원을 얼마나 고갈시키는지를 평가하기 위한 지표로 광물자원 고갈과 에너지자원 고갈, 수자원 고갈이 있다.

표 2는 표 1에서 제시한 각종 환경영향에 대한 이해를 돕기 위하여 유럽연합에서 운영하는 제품 환경발자국 홈페이지(ec.europa.eu/environment/eussd/smgp/communication/impact.htm)에 소개된 환경영향 범주별 정의를 수록한다.

환경영향 지표와 발자국 간 연계

인간 활동에 따라 3대 보호대상이 얼마나 피해를 받았는지를 파악

표 2 환경영향 범주별 정의

환경영향 범주	정 의
인체독성	인간의 피부접촉 및 호흡, 음식물 섭취를 통해 유해물질에 인체가 노출되어 발암 또는 각종 질환을 일으키는 영향
미세먼지영향	$PM_{2.5}$ 및 PM_{10} 등의 대기오염물질이 호흡을 통해 인체로 들어와 일으키는 호흡기 질환 등 영향
지구온난화	화석연료 등의 연소로 인해 이산화탄소와 같은 온실가스가 대기 중으로 과다배출되어 지구의 기후가 변화하는 영향
산성화	연소과정에서 발생한 질소산화물(NO_x) 및 황산화물(SO_x)이 대기 중의 수증기(H_2O)와 반응하여 약산성의 질산과 황산이 포함된 산성비가 내려 토양의 산성화 및 건축물이 부식되는 등의 영향
부영양화	영양염류인 인(P)과 질소(N)이 수중으로 유입되어 수초가 급속도로 성장하고 이를 먹이로 하는 플랑크톤이 과다하게 성장하면서 수중의 산소가 희박해지면서 수중이 부패하는 영향
오존층 고갈	CFC11 등 오존층을 파괴시키는 물질이 대기중에 오래 머물면서 성층권의 오존층을 파괴하여 피부암 발생 등 질환 발생 및 생태계를 교란시키는 영향
생태독성	독성물질이 토양과 수중으로 유입되면서 생태계를 오염시키는 영향
자원 고갈	고갈성자원인 화석연료와 광물 등을 채취하면서 미래세대의 자원사용을 침해하는 영향
수자원 고갈	무분별한 지표수와 지하수를 사용하여 지역 내 수자원이 줄어드는 영향

하기 위하여 발자국 지표를 활용한다. 그림 8은 3대 보호대상의 피해 정도를 파악하기 위한 환경영향 지표와 연관성 및 환경영향 지표와 발자국 지표간의 연계성을 나타낸 것이다. 이 그림을 보면 모든 환경영향에 대해 발자국 지표가 개발된 것이 아니라, 8개의 환경영향을 7개의 발자국 지표로 표현하는 방법이 개발된 상태이다. 물론 7개 발자국 지표 중에는 아직 개념 정도만 제시된 것도 있다.

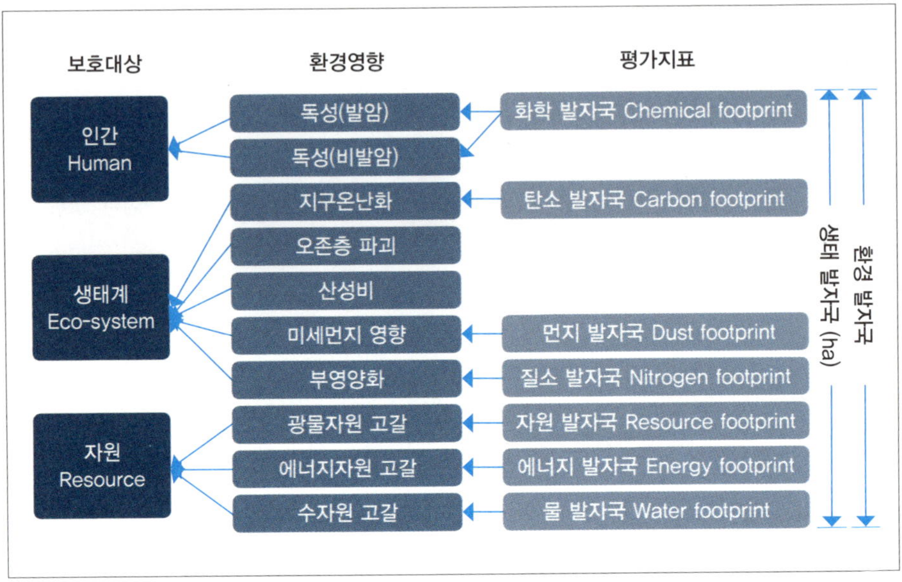

그림 8 보호대상별 환경영향 및 관련 지표

그림 8에 제시된 발자국 지표 중에서 가장 먼저 활용된 지표는 생태발자국(ecological footprint)이다. 생태발자국 지표는 인간의 소비 정도를 제품과 서비스를 생산하기 위해 필요한 토지면적과 발생한 폐기물을 처리하는데 필요한 토지면적으로 산정하여 헥타르(hectare, ha)로 나타낸 것이다. 즉, 인간의 소비수준이 커질수록 필요한 토지가 늘어나는데, 이를 생태발자국이 커진다는 의미로 표현한다. 다음으로 지구온난화의 정도를 지표화하기 위하여 탄소발자국(carbon footprint)이 사용되고 있으며, 국제무역에서 거래되는 농축산물의 수량을 가상수(virtual water)의 개념을 활용하여 간접적으로 표현한 물발자국(water footprint)이 국제적으로 널리 활용되고 있다. 물발

자국은 가뭄과 수자원 고갈이 국제적인 관심사로 부각되면서 그 중요성이 커지고 있는 지표이다. 광물자원 및 에너지자원 고갈 정도를 나타내는 자원발자국(resource footprint)과 에너지발자국(energy footprint)이 있으며, 화학물질 사용에 따른 인체에 미치는 독성영향을 지표화한 화학발자국(chemical footprint)의 개념이 개발되어 연구 중이다.

미세먼지 발생으로 인해 인체에 미치는 영향을 지표화한 먼지발자국(dust footprint)이 있는데, 이는 PM(Particulate Matter) 발자국이라고도 부른다. 농사지을 때 사용된 비료 속의 질소와 호수로 유입되는 질소의 흐름으로 인한 영향을 표현하기 위하여 질소발자국(nitrogen footprint)이란 개념이 제시되었지만 아직 연구 초기단계이다. 각 발자국 지표는 특정 환경매체를 대상으로 인간 활동에 따른 영향을 표현하고 있지만 모든 지표를 통합하여 총체적으로 평가하는 개념인 환경발자국(environmental footprint)이란 개념이 유럽연합에서 제시되어 활용되고 있다.

이처럼 많은 발자국 지표가 개발되어 활용되고 있지만 이중에서 생태발자국과 탄소발자국, 물발자국, 먼지발자국, 화학발자국에 대한 개념과 활용을 소개하고자 한다.

환경발자국 지표결과는 친환경을 의미하지 않는다

A 제품의 탄소발자국이 B 제품보다 작다고 친환경 제품이라고 할

수 있는가? 만일 A 제품의 탄소발자국이 B 제품보다 작을 수는 있지만, 생산과정에서 B 제품보다 화학물질을 더 많이 사용한다고 하면 A 제품을 친환경제품이라고 할 수 있는가?

이처럼 발자국 지표결과는 친환경을 판정하기 위하여 사용하는 것이 아니라 평가 대상제품의 해당 발자국 지표결과를 확인하고 이를 낮출 수 있는 방안을 마련하기 위한 용도로 활용하는 것이 맞다.

Chapter 02

인간소비와 생태발자국

01>>

생태발자국이란 무엇인가?

우리나라 경제규모는 얼마나 커졌나?

한국전쟁으로 완전히 폐허가 된 우리나라는 정전협정이 체결된 1953년에 명목 국내총생산(GDP)이 477억 원에 불과하였지만, 1962년에 시행된 경제개발 5개년 계획의 성과로 인해 1970년도에 1953년의 59배인 2조 8000억 원 규모로 성장하였다. 정전협정 이후 불과 17년 만에 거둔 성과로는 눈부시다고 할 수 있다. 1980년에는 39조 4700원으로 성장했으며, 2000년에는 635조, 2016년에는 세계 10위권인 1730조의 규모로 커졌다. 2016년의 GDP는 한국전쟁이 끝난 1953년에 비해 63년 만에 36,276배로 성장한 것이다.

한국은행에 따르면 실질적인 국민 삶의 척도인 1인당 국민소득은 1953년에 67달러로 세계 최빈국 중의 하나였고, 1960년에는 1953

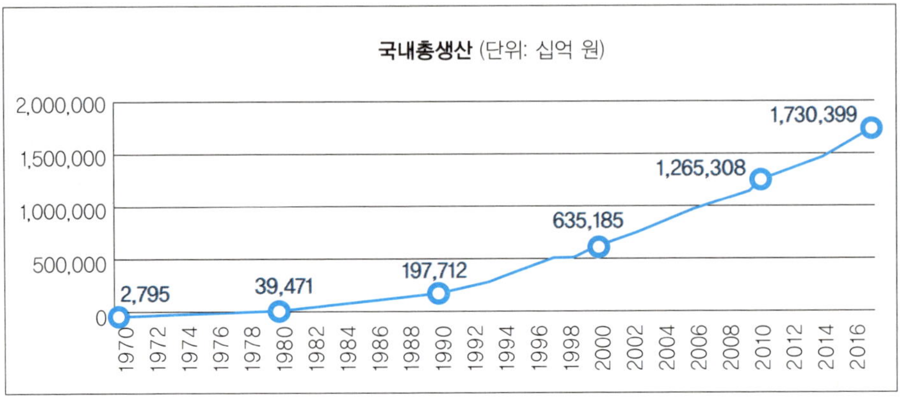

그림 9 연도별 국내총생산 증가

[출처] e-나라지표의 데이터

년에 비해 18%가 성장한 79달러였다. 1963년에 처음으로 100달러를 돌파한 이래로 1977년에 1,000달러를 돌파한 1,034달러를 달성하기까지 14년밖에 경과하지 않았다. 1989년에는 5000달러를 돌파한 5,418달러를 이뤘으며, 1995년에는 처음으로 1만 달러를 돌파하여 11,432달러를 기록하였다. 그리고 2007년에 2만 달러를 돌파한 21,695달러를 기록한 이래로 11년이 경과한 2018년에 드디어 31,349달러를 기록하여 선진국 클럽인 3만 달러에 가입하였다. 이제 우리나라는 실질적으로 손색없는 선진국 반열에 접어든 것이다.

우리나라의 자동차 등록대수는 얼마나 증가했나?

1980년대만 하더라도 우리나라에서 자동차를 가지고 있는 가정은 얼마 안 되었기 때문에 자동차의 보유여부는 부의 척도로 인식되었

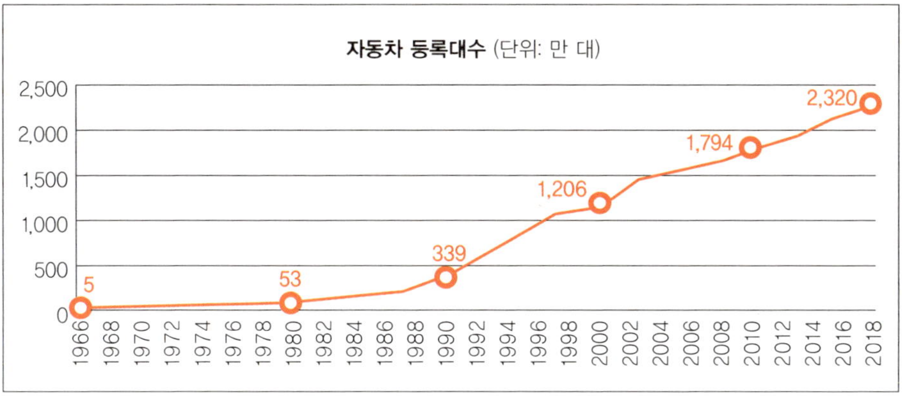

그림 10 연도별 국내 자동차 등록대수 증가

[출처] e-나라지표의 데이터

다. 하지만 지금은 인구 2.3명당 1대꼴로 자동차 보유가 일반화가 되었다. 실제로 1966년에 우리나라의 자동차 등록대수는 5만 대이었으나, 1980년에 53만 대로 10배 이상이 증가하였고, 1990년에는 1966년의 68배인 339만대를 기록하였다. 이후로 한국경제는 눈부신 성장을 이뤄 2000년에는 1990년의 3.6배이고 1966년의 241배인 1,206만대를 달성했고, 2014년에는 처음으로 2000만대를 돌파한 2012만대를, 2018년에는 2320만대를 보유하게 되었다. 2018년은 1966년에 비해 불과 50여년 사이에 464배 성장한 2320만대를 기록하였다.

우리나라의 1인당 전력소비량은 얼마나 증가했나?

과거에는 가정에서 연탄이나 나뭇가지를 연료로 사용했지만, 지금은 나뭇가지를 에너지원으로 사용하는 가정은 없고 연탄을 사용하는

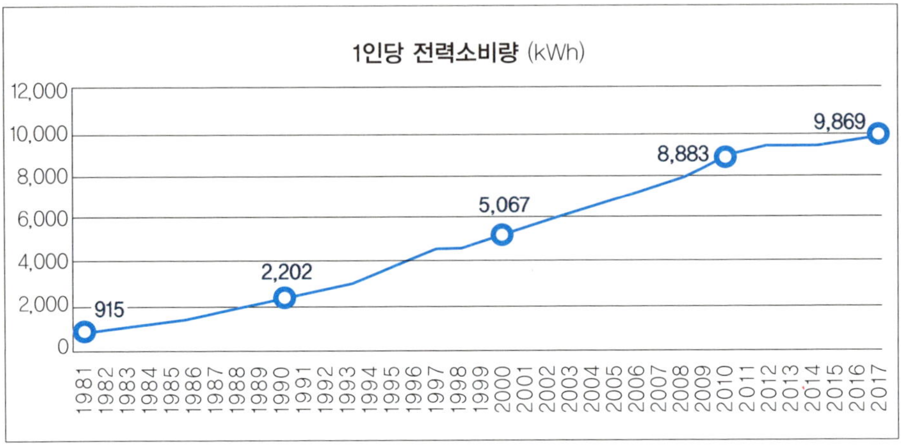

그림 11 연도별 국내 1인당 전력소비량 증가

[출처] e-나라지표의 데이터

경우도 매우 드물 정도로 거의 모든 가정이 전기를 에너지원으로 활용하고 있다. 가정 뿐만 아니라 공장에서도 에너지원으로 전기를 사용하는 비중이 갈수록 커지고 있다. 그만큼 전기는 간편하게 활용할 수 있는 대표적인 에너지원이 되었다. 이에 따라 우리나라의 에너지 소비 수준을 파악하기 위하여 전력소비량의 증가추이를 분석하였다.

그림 11은 우리나라의 공장과 가정 등에서 소비한 전체 전력소비량을 인구수로 나눈 1인당 전력소비량을 연도별로 증가추이를 나타낸 것이다. 실제로 1981년에 1인당 전력소비량이 915kWh이었지만 불과 10년 사이인 1990년에 2.4배가 성장한 2,202kWh로 증가하였다. 2000년에는 1981년의 5.5배인 5,067kWh의 전력을 소비하였다.

또한 2010년에는 2000년도보다 75%가 급성장한 8,883kWh를 소비하였으며, 2017년에는 2000년보다 95%가 증가한 9,869kWh의 전력을 소비하였다. 즉, 우리나라의 모든 산업과 가정에서 1981년에

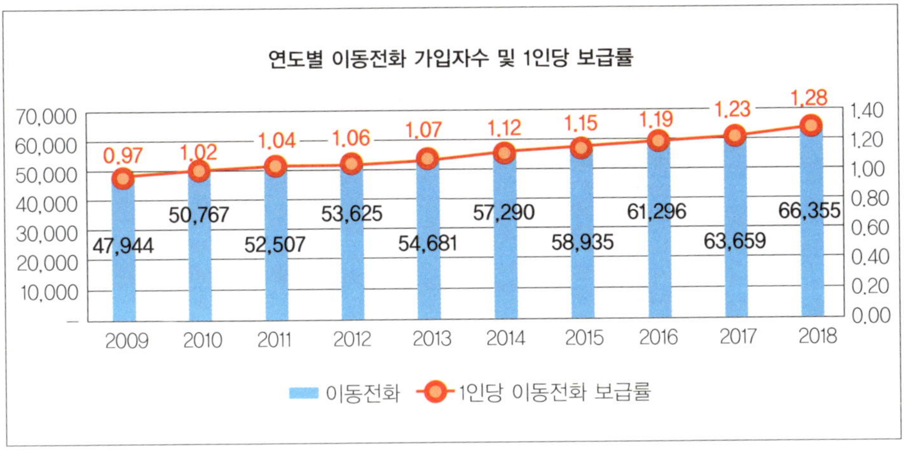

그림 12 연도별 국내 이동전화 가입자수 및 1인당 보급률

[출처] e-나라지표의 데이터

비해 10배 이상의 에너지 소비가 이뤄진다는 것을 알 수 있다. 그만큼 우리나라의 경제규모 증가와 더불어 가계소득이 늘어났음을 증명한다.

우리나라의 이동전화 보급률은 어떤가?

우리나라는 세계 최고의 인터넷 보급률과 인터넷 속도를 자랑하고 있다. 이와 더불어 이동전화의 보급률도 세계 최고수준이다. 2010년에 이동전화 가입자 수가 처음으로 5000만대를 돌파한 이래로 2018년에 6636대를 넘어섰다. 이를 인구수로 환산한 결과, 2009년도에 국민 1인당 보급률이 0.97이던 것이 2010년에 국민 1인당 1대가 넘는 1.02를 기록했고, 2018년에는 1.28이 되었다. 이러한 결과는 스마트

폰과 일반 이동전화인 피처폰을 합한 것이다.

2019년 2월 KBS 보도에 따르면 미국의 시장조사 기관인 퓨리서치(Pew Research)가 세계 27개국의 이동전화 보급률을 조사한 결과, 전 세계의 이동전화는 약 50억 대로 추정되며 이 중에서 스마트폰이 절반을 차지하였다. 스마트폰의 보급률이 가장 높은 국가는 우리나라로 95%를 기록하였는데 이는 2위인 이스라엘의 스마트폰 보급률 88%에 비해 월등히 높은 보급률이다. 다음으로 네덜란드 87%, 스웨덴 86%, 호주와 미국 81% 순이었다. 조사대상 국가의 평균 스마트폰 보급률이 76%인 점을 감안할 때 우리나라의 보급률은 독보적이다.

소비수준 지표로서 생태발자국

우리는 풍요하고 편리한 생활을 하기 위하여 자동차도 타고, 휴대폰도 사용하며, 전기도 소비한다. 이러한 인간의 과대소비가 폐기물과 오염물질의 과다발생 및 과다한 자원 고갈을 유발시킨다. 생태발자국은 이런 인간의 소비정도를 나타내는 지표로 국제적으로 가장 처음 제기되어 활용되고 있다. 위키 백과사전에 따르면 생태발자국은 인간이 지구에서 삶을 영위하는데 필요한 의(衣)·식(食)·주(住)를 제공하기 위해 사용된 제품의 생산량과 이 과정에서 발생한 폐기물 등 오염물 발생량을 토지면적(ha)로 환산한 지수이다.

최근에 생태발자국 지표가 인간의 소비수준 척도로 유용하게 활용되는 이유는, 국민총생산(GNP)의 경우 대표적인 경제지표이지만 생산과정에서 발생한 환경오염으로 인해 발생한 환경피해를 복원하는데 드는 비용을 계정항목에 넣지 않는 반면에, 생태발자국은 생산활동에 드는 비용과 폐기과정에서 발생한 환경오염으로 인한 피해비용을 모두 반영하고 있기 때문이다. 경제지표가 좋더라도 생태발자국이 작으면 실질적인 소득은 많지만 생산과 소비 과정에서 환경파괴를 덜 시켰다는 것을 의미한다. 반면에 경제지표가 나쁜데 생태발자국이 크면 실질적인 소득은 적어졌지만 생산소비과정에서 환경파괴가 커졌다는 것을 의미한다. 경제지표를 해석하는데 보완적 용도의 지표로 활용되는 생태발자국은 인간 활동으로 인해 지구의 가용한 생태용량이 얼마나 필요한지를 나타낸다. 생태발자국은 아래 관계식과 같이 인구수와 1인당 연간 소비량(톤), 톤당 생태발자국 지수를 곱하여 계산한다.

- 생태발자국 = 인구수(명) × 1인당 소비량(ton/명)
  × 생태발자국 지수(ha/ton)
- 생태발자국 기준값 = 지구상의 가용한 면적(ha) / 총인구수(명)

위에서 설명한 바와 같이 생태발자국 결과는 토지면적으로 나온다. 그런데, 토지면적이 어떤 의미인지를 쉽게 알 수 있도록 하기 위하여 생태발자국 기준값이 필요하다. 생태발자국 기준값은 지구의 가용한 면적을 인구수로 나눈 것으로 인구수 60억 명을 기준으로 할 때 1인당 1.8헥타아르(ha)가 나온다. 그런데 지구의 가용면적은 변하지 않는 상수이고, 총인구수는 계속 증가 추세에 있기 때문에 생태발자국 기준값은 지속적으로 줄어들 것으로 보인다.

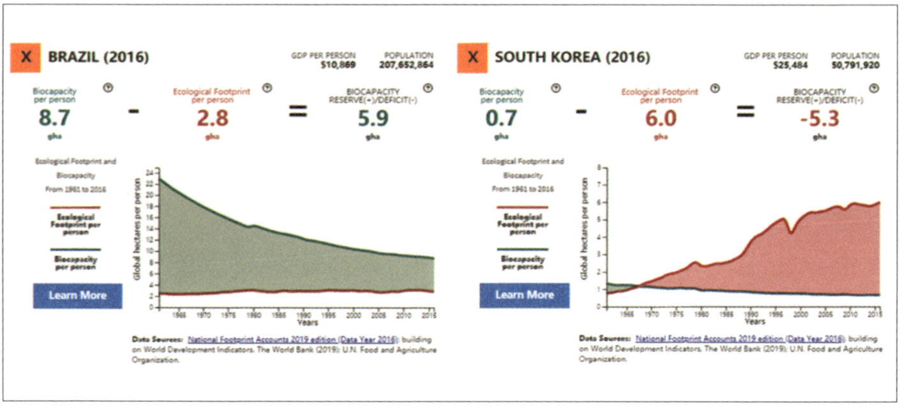

그림 13 브라질과 한국의 생물용량 및 생태발자국 비교

[출처] Global Footprint Network의 Open Data Platform

국가별 생태발자국 상태값

세계자연기금(World Wild Fund, WWF)은 매년 국가별 생태발자국 보고서를 발간하고 있다. 그림 13은 WWF 산하의 글로벌 풋프린트 네트워크(Global Footprint Network, GFN)에서 발표한 국가별 생태발자국이다. 그림에서 붉은색으로 표시된 부분은 생물용량(bio-capacity)을 파괴한 정도가 산림 등 해당 국가의 생물용량보다 큰 국가들로 붉은색이 진해질수록 생물용량의 파괴가 큰 국가임을 의미한다. 그리고 초록색의 의미는 해당 국가의 생물용량이 소비에 따른 생물용량 파괴정도보다 큰 국가들로 초록색이 진해질수록 생물용량의 보존정도가 큰 국가라는 것이다. 여기서 생물용량이란 가용한 자원의 양과 이산화탄소와 같은 오염물질을 제거하고 흡수할 수 있는 용량을 의미하는 것으로 생태계의 양을 말한다. 브라질의 경우, 아마존 밀

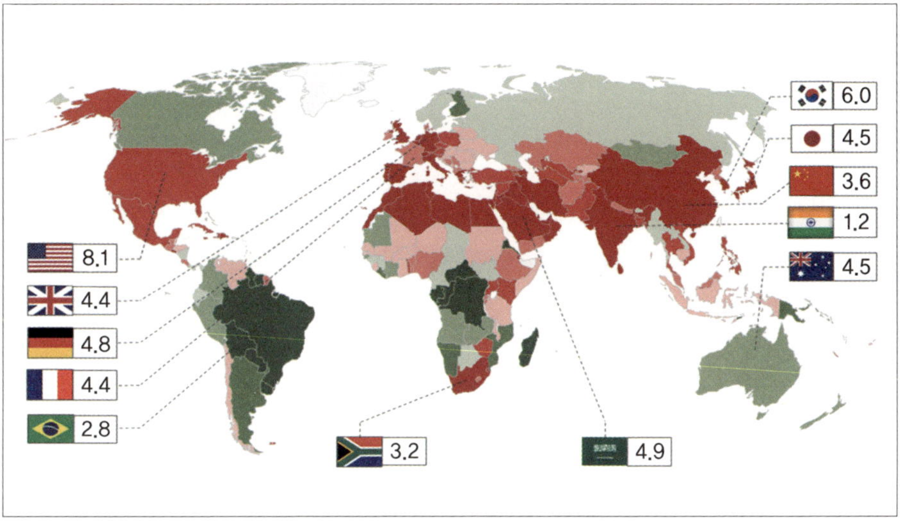

그림 14 **국가별 환경발자국 분포**

[출처] Global Footprint Network의 Open Data Platform

림 등을 통한 생태용량이 1인당 8.7글로벌 헥타아르(global hectare, gha)인 반면에 브라질 국민들이 소비를 통해 생물용량의 파괴 정도가 2.8gha이어서 결국 순 생물용량이 5.9gha이 남는다. 우리나라는 국민 1인당 생물용량이 0.7gha인 반면에 소비에 따른 생물용량 파괴정도는 6.0gha로 순 생물용량 파괴정도는 5.3gha이다.

그림 14는 세계 각국의 생물용량을 고려하여 색깔로 표시한 세계 지도로 각 대륙별로 대표적인 12개 국가에 대한 생태발자국 지수값을 발췌하여 도식화하였다. 이 데이터의 출처는 GFN의 Open Data Platform[5]이다. 국가들 중에서 2016년도 생태발자국 지수값이 가장

5) Open Data Platform 홈페이지: data.footprintnetwork.org/#/?

큰 10대 국가를 보면 카타르가 1인당 14.4gha, 룩셈부르크 12.9gha, 아랍에밀레이트 8.9gha, 바레인 8.6gha, 쿠웨이트 8.6gha, 트리니다트 8.4gha, 미국 8.1gha, 캐나다와 몽골이 7.7gha, 에스토니아 7.1gha이다. 우리나라는 오스트리아와 25위권으로 생태발자국이 6.0gha이다. 이상의 결과로 알 수 있듯이 생태발자국이 가장 높은 지역은 생태용량이 적은 중동지방이었으며, 다음으로 스웨덴과 노르웨이 덴마크가 포함된 북유럽 국가와 일부 서유럽 국가이다. 이들 국가를 제외하고는 우리나라가 가장 높았다.

전 세계 생태발자국은 매년 증가 추세

그림 15와 같이 GFN에서 발표한 국가별 생태발자국은 소비에 따른 온실가스 배출의 면적 환산량에 어장 면적, 경작지 면적, 건축 토지, 임산물 생산 면적, 방목지 면적을 합한 값이다. GFN에 따르면 우리 인류의 생태발자국은 1961년 이래로 2014년까지 매년 평균 2.1%씩 증가하였다. 폭발적인 소비증가로 인해 1969년에는 생태발자국이 지구의 생물용량을 초과하기 시작하였으며, 2014년에는 지구의 생물용량보다 69.6%가 높았다. 이는 지구촌에 사는 모든 사람들이 2014년의 평균 소비수준에 따라 소비한다고 가정하면 지구가 1.7개가 필요하다는 말이다.

그림 15를 보면 방목지와 임산물 경작지, 건축토지, 어장 면적의 증가는 정체상태이지만 농축산물에 대한 경작지와 탄소발생에 따른 토

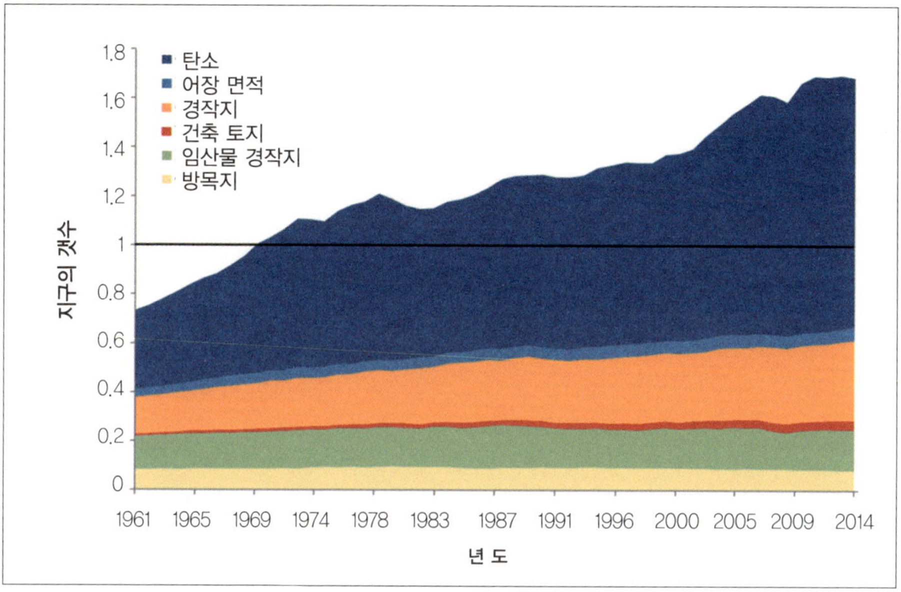

그림 15 연도별 생태발자국 분포

[출처] Global Footprint Network의 Open Data Platform

지사용은 지속적인 증가추세이다. 다행인 것은 2015년 12월 파리기후협약 이후로 국제사회가 온실가스 감축이라는 인류의 공동 목표를 설정하고 함께 움직이고 있다는 점이다.

02>>

소비활동에 따른 생태발자국

한국인처럼 소비한다면 지구가 몇 개 필요한가?

우리나라는 2016년의 경제규모가 1970년에 비해 620배가 성장했고, 자동차 등록대수는 2018년에 1966년보다 464배에 해당되는 2320만 대이었으며, 1인당 전력 소비량은 2017년에 1981년보다 11배가 커졌다. 그리고 2018년의 이동전화 보급률은 1.28로 국민 1인당 1.28개의 이동전화를 보유하고 있다는 말이다. 이는 세계에서 가장 높은 수치이다. 이처럼 우리나라는 지난 50여년간 눈부신 성장이 있었고, 이에 따라 소비량도 급격한 증가추세를 보인다. 이에 따라 GFN에서 2016년에 발표한 우리나라의 생태발자국은 1인당 6.0gha이다.

지구상의 가용한 토지면적을 세계 인구 60억 명을 기준으로 공평하게 나누면 1인당 1.8gha의 토지가 배분된다. 이 값을 기준으로, 만일

그림 16 한국인 소비기준에 따른 필요한 지구개수

지구촌의 모든 사람들이 한국인처럼 소비한다면 지구가 몇 개가 필요한가? 위의 가정에 따라 계산하면 세계인의 1인당 생태발자국 6.0gha을 1인당 배분된 토지면적인 1.8gha로 나누어 3.3이 나온다. 즉, 지구가 3.3개가 필요하다는 것이다.

수도권 직장인의 연간 출퇴근으로 인한 생태발자국이 남한 면적의 6배

바쁜 현대인들의 기동력을 책임지고 있는 것이 교통수단이다. 그림 17은 2011년에 오스트리아 그라츠 대학의 Kettl 교수가 발표한 논문에서 인용한 것으로 교통수단별로 1인당 1㎞를 이동하는 과정에서 발생한 환경오염물질로 인한 환경영향을 생태발자국으로 나타낸 것이다. 이에 따르면 기차의 생태발자국이 가장 적은 9.4㎡이고 다음은 버스 24.5㎡이다. 생태발자국이 가장 큰 교통수단은 휘발유와 경유에 의해 움직이는 내연기관 자동차로 59.8㎡이다. 친환경 연료로 알려진 바이오에탄올 혼합연료유인 E85 자동차는 42㎡이고, 리듐이온배터리 하이브리드카와 니켈배터리 하이브리드카는 각각 41.4㎡와 45.2㎡이었다. 그런데 놀랍게도 친환경 미래자동차로 알려진 전기자동차의 생태발자국이 54㎡로 내연기관 자동차의 다음으로 높은 것으로 나타났다. 전기자동차의 생태발자국이 큰 이유는 운행과정에서 온실가스 배출을 줄이지만 제조과정 환경부하가 크다는 것을 보여준다.

이상의 결과를 토대로 우리나라 수도권에 거주하는 직장인이 서울로 출퇴근함에 따른 생태발자국이 얼마나 되는지를 알아보자. 2017년에 KT 빅데이터 사업단에서 수도권 거주 30~40대 직장인 중 LTE 가입자 42만 명의 동선을 분석한 결과에 따르면 서울 거주 직장인은 평균 13.3㎞, 인천 거주 직장인은 평균 15.7㎞, 경기도 거주 직장인은

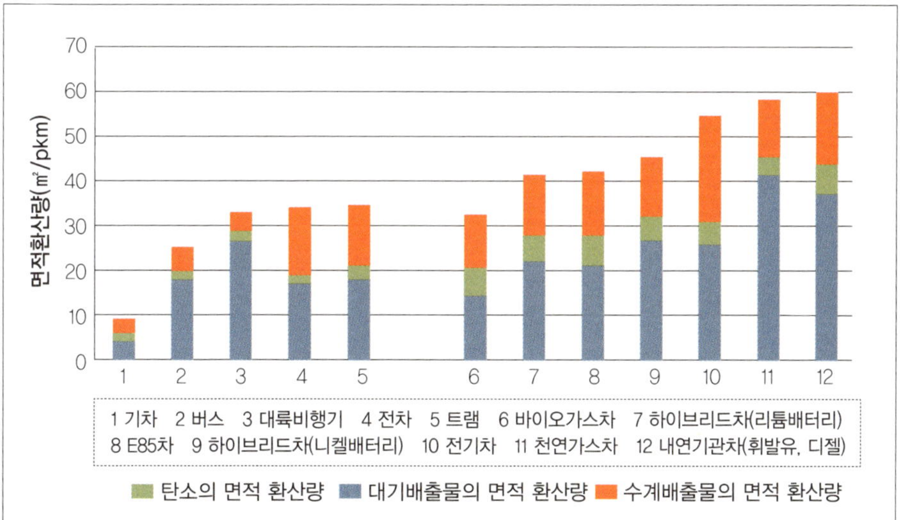

그림 17 자동차 종류별 생태발자국 비교

[출처] Karl-Heinz Kettl (2011)

평균 16.7㎞를 이동하였는데, 이를 종합하여 수도권 거주 직장인은 평균 15㎞ 정도의 출퇴근 거리를 갖고 있었다. 또한 2019년에 교통안전공단에서 발표한 자료에 따르면 수도권에서 하루 동안 대중교통을 이용한 승객 숫자는 720만 명이다. 이런 공개된 데이터를 토대로 수도권에 거주한 직장인 720만 명이 연간 근무일수(230일로 가정) 동안 하루 평균 15㎞를 출퇴근할 경우에 생태발자국은 608,580㎢로 대한민국 면적의 6.1배이다. 만일 수도권의 720만 직장인이 버스가 아닌 내연기관 자동차를 타고 출퇴근을 한다고 가정하면 이로 인한 생태발자국이 대한민국 면적의 14.8배이다. 즉, 대중교통을 이용하는 것이 지구를 살리는 길이라는 것을 알 수 있다.

한국인의 육류소비에 따른 생태발자국은 남한 면적의 3배

OECD(경제협력개발기구)와 세계은행은 2014년도에 주요국의 연간 1인당 육류소비량을 발표하였다. 이에 따르면 미국인이 1인당 육

표 3 국가별 육류종류별 소비량(2014년 기준)

단위: kg	한국	미국	중국	세계평균	OECD
닭고기	15.4	44.5	11.4	13.2	27.5
돼지고기	24.4	20.7	32.0	12.6	21.9
쇠고기	11.6	24.5	3.6	6.5	14.0
합계	51.4	89.7	47.0	32.3	63.4

류소비가 가장 많은 89.7kg이고 다음으로 아르헨티나 85.4kg, 이스라엘 84.2kg, 브라질 77.6kg, 우루과이 72.6kg, 칠레 69.3kg, 캐나다 68.1kg이었다. 우리나라의 1인당 육류소비량은 51.4kg으로 미국과 아르헨티나, 브라질보다는 적지만 중국 47.0kg, 일본 35.6kg보다는 높았다. 또한 세계인의 1인당 평균 육류소비량 32.3kg과 EU 국가의 평균인 63.0kg, OECD 국가의 평균인 63.4kg과 비교할 때 한국인의 평균 육류 소비는 EU 평균과 OECD 평균보다는 적지만 세계 평균보다는 59%가 높았다.

미국인은 세계에서 가장 육류소비가 높은데 특히 닭고기의 소비가 돼지고기나 쇠고기에 비해 높았다. 중국은 돼지고기의 소비가 절대적으로 많으며 우리나라도 중국과 같이 돼지고기의 소비가 가장 많다.

한편, 그림 18과 같이 미국 포장소재기술(Packaging Materials &

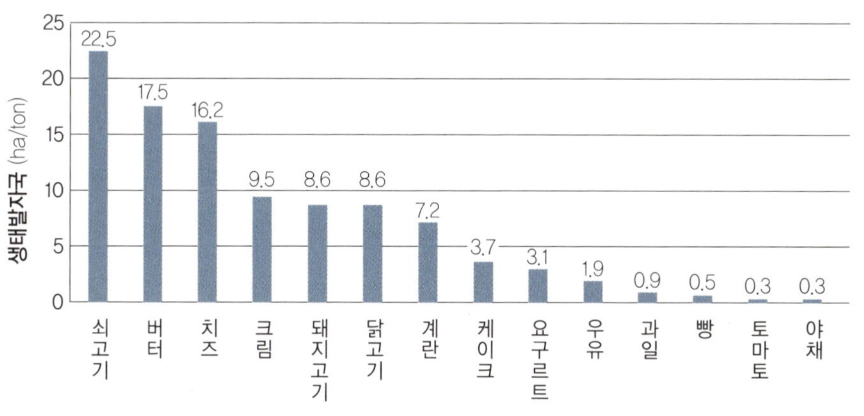

그림 18 음식물 1톤당 생태발자국 비교

[출처] P. Butler (2012)

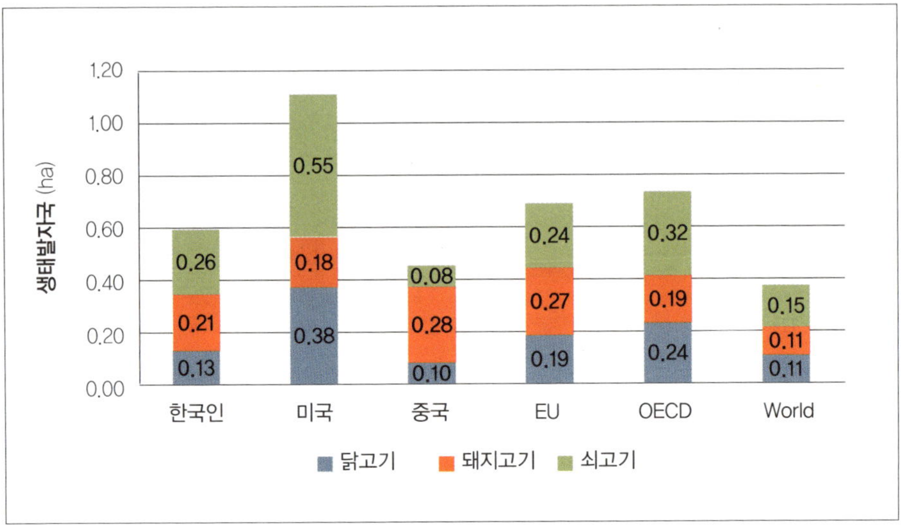

그림 19 국가별 1인당 생태발자국 비교

[출처] OECD 데이터와 P. Butler (2012) 데이터

Technologies) 연구소의 P. Butler 박사가 발표한 논문에서는 주요 음식물 1톤당 생태발자국을 소개하고 있는데, 육류 중에는 쇠고기가 가장 높은 22.5ha/ton이고, 돼지고기와 닭고기는 8.6ha/ton이다. 이에 따르면 쇠고기는 닭고기와 돼지고기의 2.6배 정도 높은 생태발자국을 가지고 있다. 버터와 치즈, 크림에 대한 생태발자국은 쇠고기보다는 낮지만 돼지고기와 닭고기보다는 높았다. 그리고 토마토와 야채는 0.3ha/ton으로 가장 낮은데, 이는 쇠고기 생태발자국의 1.3% 수준이고, 육류 평균보다는 2.3%의 수준이었다. 위에서 설명한 음식물별 생태발자국을 볼 때, 육류보다는 채식을 하는 것이 생태발자국을 최대 44배 정도 낮출 수 있다는 것을 알 수 있다.

위에서 제시한 국가별 1인당 쇠고기와 돼지고기, 닭고기에 대한 연

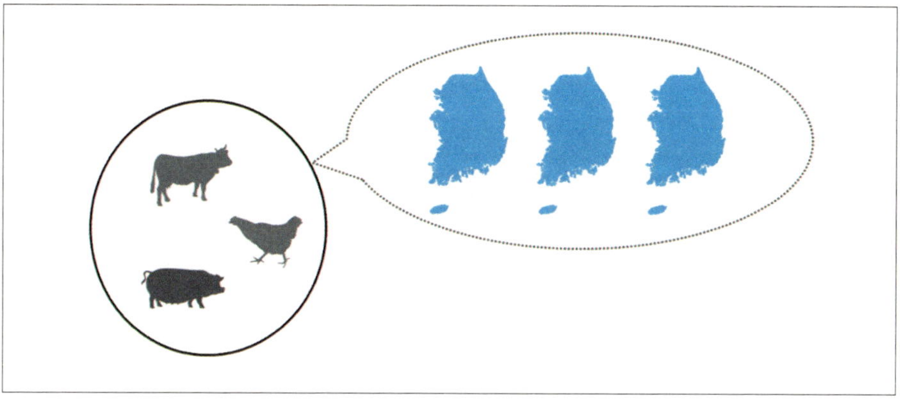

그림 20 **한국인의 육류 섭취에 따른 생태발자국**

[출처] OECD 데이터와 P. Butler (2012) 데이터

간 소비량과 육류 1톤당 생태발자국을 토대로 각 국가별로 국민 1인당 육류소비에 따른 생태발자국을 계산해 본 결과, 세계 평균은 1인당 0.37ha인데 반해 미국인 1.11ha, 한국인 0.60ha, 중국인 0.46ha이다. 미국인과 한국인, 중국인은 세계 평균에 비해 각각 3.0배, 1.6배, 1.2배 정도 더 소비한다.

이상의 결과를 토대로 한국인 5000만 명이 1년간 51.4kg의 육류를 소비한다고 가정하고 필요한 생태발자국을 계산하면 301,640㎢가 나오는데 이는 남한면적인 100,210㎢의 3배가 된다. 즉, 한국인이 지금과 같이 육류를 소비하면 필요한 육류를 생산하는데 필요한 토지의 면적이 남한면적의 3배가 필요하다는 의미이다.

한국인의 전력소비에 따른 생태발자국은 남한면적의 최대 338배

전기의 용도는 주거용과 산업용으로 구분한다. 우리나라의 1인당 주거용 전력 소비량을 보면 2013년에 연간 1274kWh, 월 평균 106kWh이다. 이는 OECD 국가의 1인당 평균 전력소비량인 2334kWh의 54.6% 수준이며 OECD 국가 중에서 26위에 해당한다. 반면에 주거용 전력소비와 산업용 전력소비를 포함한 총 전력소비량을 인구수로 나눈 1인당 전력 소비량을 보면 2013년에 우리나라가 9285kWh로 OECD 국가의 1인당 평균 전력소비량인 7420kWh의 1.3배에 해당하며 순위로는 OECD 국가들 중에서 8위에 해당한다.

이는 주거용 1인당 전력소비량의 7.3배이다. 이처럼 우리나라의 산업용 전력소비는 다른 국가들에 비해 월등히 많이 소비하지만 주거용 전력소비는 다른 국가들에 비해 적은 이유는 무엇인가? 그 이유는 우리나라는 OECD의 다른 국가들에 비해 제조업의 비중이 클 뿐만 아니라 산업용 전기요금도 일본이나 영국, 미국에 비해 낮기 때문이다. 실제로 한국전력에서 발표한 통계에 따르면 2015년 12월 31일을 기준으로 우리나라의 산업용 전기요금 지수를 100으로 볼 때, 일본은 167, 영국은 182, 미국은 106이다. 또한 그림 21을 보면 OECD 국가들 중에서 우리나라를 제외한 대부분의 국가가 1인당 연간 전력소비량이 감소하고 있는 반면에 우리나라는 늘어나고 있다. 특히 우리나라와 같이 제조업 기반이 강한 독일과 일본도 전력소비가 매년 감소 추세인 것을 볼 수 있다.

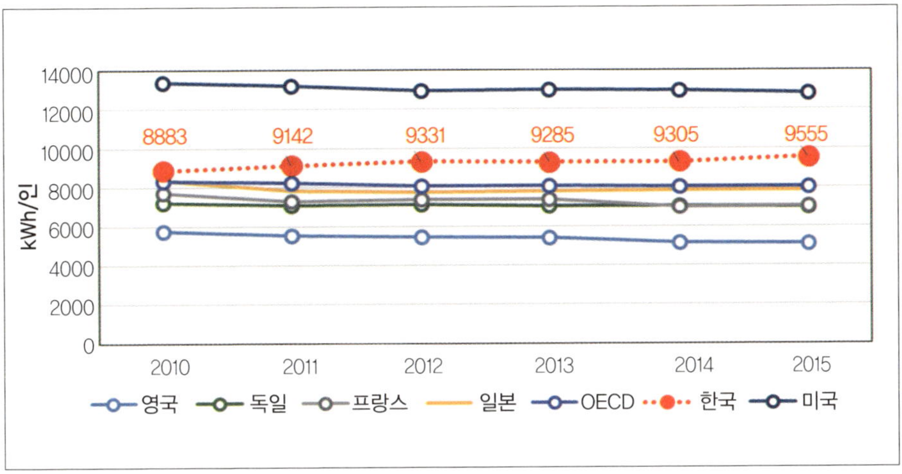

그림 21 OECD 주요국의 1인당 전력소비량 비교

[출처] OECD 데이터와 P. Butler (2012) 데이터

우리나라의 1인당 주거용 전력소비량과 산업용 전기를 포함한 1인당 전력소비량을 생태발자국으로 환산해 보면 다음과 같다. 먼저, 생태발자국 환산을 위해 사용되는 발전원별 생태발자국은 표 4와 같이 수력발전이 kWh당 1275.7㎡으로 가장 높았고, 석탄발전이 kW당 49.4㎡으로 가장 낮았다. 이에 따르면 석탄발전의 생태발자국을 1

표 4 발전원별 1kWh당 생태발자국(㎡)

	석탄발전	가스발전	원자력발전	태양광발전	수력발전	유류발전
㎡/kWh	49.4	50.2	51.4	176.0	1275.7	120.0

[출처] The Footprint of Energy: Land Use of U.S. electricity production (Landon Stevens, 2017) 유류발전의 출처는 Ecological Footprint of Liverpool: developing sustainable scenarios (John Barrett et al., 2001)

그림 22 우리나라의 주거용 및 전체 전력소비에 따른 생태발자국 비교

로 가정하면 가스발전은 1.01배, 원자력 발전은 1.04배, 태양광 발전은 3.56배, 수력발전은 25.81배, 유류발전은 2.43배였다. 생태발자국 데이터의 추이는 탄소발자국이나 물발자국의 추이와는 다를 수 있다는 점을 사전에 밝힌다.

위에서 소개한 데이터를 토대로, 발전원별 생태발자국과 1인당 연간 전력소비량을 곱하여 계산한 2013년 기준 1인당 전체 전력소비에 따른 생태발자국은 67.7ha이고, 1인당 주거용용 전력소비에 따른 생태발자국은 9.3ha이다. 이를 우리나라 국민 5000만에 의해 사용한 전력량을 기준으로 환산한 결과, 전체 전력소비를 기준으로 남한 면적의 338배이고, 주거용 전력소비를 기준으로 46배이다.

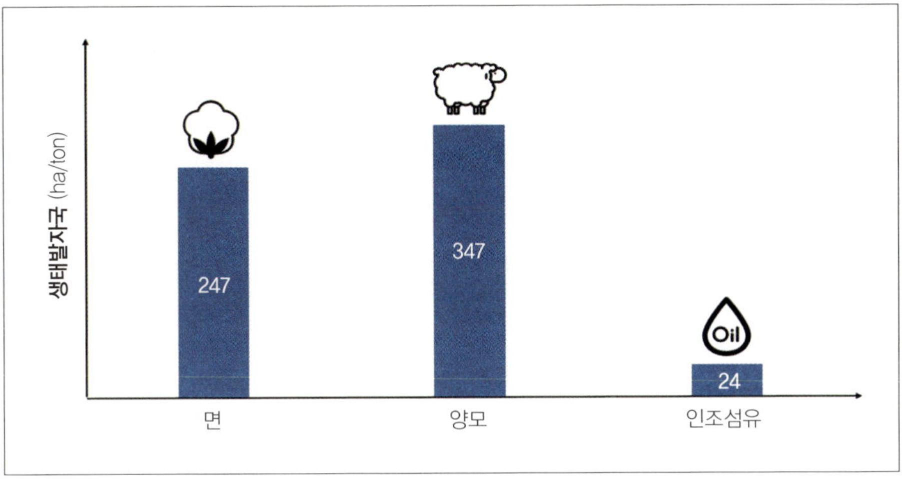

그림 23 섬유종류별 1톤당 생태발자국 비교

[출처] Ecological Footprint: What's my impact?(2015)

섬유는 생산방식에 따라 생태발자국이 다르다

섬유(fiber)는 옷감을 짜기 위한 실을 생산하는데 사용한 것으로 생산방식에 따라 천연섬유와 인조섬유가 있다. 일반적으로 천연섬유를 생산하는 것보다 인조섬유를 만드는 과정에서 환경에 배출하는 오염물질이 더 많기 때문에 인조섬유의 환경영향 잠재성이 천연섬유보다 더 크다고 알려진다. 하지만 생태발자국의 측면에서는 어떠한가? 생태발자국은 대상제품을 생산하는 과정과 배출된 오염물질을 처리하는 과정에서 지구상의 가용한 토지를 얼마나 소비하는가를 나타내는 것인데, 이런 관점에서 볼 때 천연섬유가 인조섬유보다 더 큰 생태발자국을 가진 것으로 연구결과는 나온다.

미국 과학재단(US National Science Foundation, NSF)에서 지원하여 수학과 응용수학 컨소시엄(Consortium for Mathematics and its Applications, COMAP)에서 수행한 연구인 'Ecological Footprint: What's my impact'에 따르면, 재배한 면화를 활용하여 생산한 면은 1톤을 생산하는 동안에 247ha의 토지가 필요하다. 그리고 양털을 이용하여 생산하는 양모 1톤은 347ha가 필요하다. 나일론과 같은 화학 인조섬유 1톤을 생산하는 데는 24ha의 토지가 필요하다. 즉, 면 1톤은 인조섬유 1톤보다 10배의 생태발자국이 더 필요하고, 양모 1톤은 인조섬유 1톤당 생태발자국의 14배가 필요하다.

Chapter 03

기후변화와 탄소발자국

01>>

탄소발자국이란 무엇인가?

겨울철 한파의 주범이 지구온난화인가?

지구의 온실효과(greenhouse effect)란 지구로 들어온 태양복사에너지가 지구에서 우주로 방출될 때 모두 방출되는 것이 아니라 일부는 대기 중의 온실가스에 반사되어 지구로 다시 들어와 지구의 기온을 일정하게 유지하는 현상을 말한다. 그런데 최근 산업 활동으로 인해 다량 발생된 온실가스의 일종인 이산화탄소가 대기 중으로 배출되어 대기 중에 이산화탄소의 농도가 증가함에 따라 지구에서 방출되는 태양에너지를 기존보다 많이 흡수함으로 지구가 차츰 더워지고 있다. 이를 지구온난화(global warming)라고 한다.

그런데 아이러니 하게도 겨울철에 발생하는 한파의 주범이 지구온난화라고 한다. 지구 북반구의 중고위도 지역의 11㎞ 상공에서 동쪽

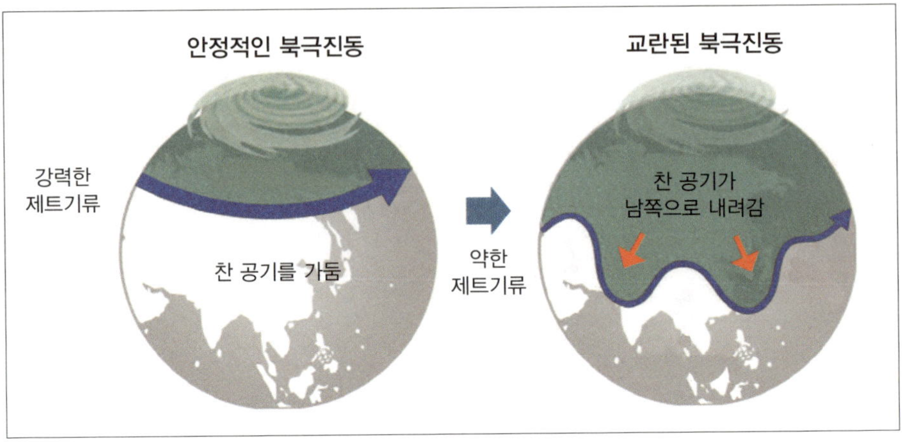

그림 24 **지구온난화로 인한 약화된 제트기류 현상**

으로 매우 빠른 속도로 부는 바람이 제트기류인데, 제트기류는 북극 지역에서 발생하는 시베리아 고기압이 남하할 때 내려오지 못하도록 막아주고, 설사 시베리아 고기압이 남하하였더라도 제트기류가 북쪽으로 밀어내어 오래 머무르지 못하게 하는 커튼역할을 하기 때문에 우리에겐 매우 고마운 존재이다.

그런데 지구온난화로 기온이 상승하면서 제트기류가 약화되어 겨울철에 중고위도 지역에서 강한 세력을 형성하지 못하여 시베리아 고기압이 남하하는데 이를 막지 못하는 경우가 잦아진다.

좀 더 쉽게 설명하면 얼음판에서 팽이를 돌릴 때, 팽이를 세게 쳐서 팽이가 힘을 받으면 제자리에서 빠른 속도로 돌지만 힘이 빠지면 제자리에 있지 못하고 느린 속도로 여기저기로 이동하는 것과 같은 이치이다. 이와 마찬가지로 제트기류도 겨울철에는 시속 130㎞로 동쪽으로 빠르게 돌지만 여름에는 65㎞ 정도로 다소 약하게 도는데, 지구온난화로 온도가 높아져 겨울철에 강하게 불던 제트기류에 힘이 빠져 팽이처럼 고중위도를 빠르게 돌지 못하고 점차 남하하는 경향이 잦아진다. 이로 인해 우리나라와 같은 중위도 지역이 겨울철에 여러 차례 한파에 시달리는 사례가 빈번해 지고 있는 것이다.

우리나라 겨울철 기후의 특징을 삼한사온이라고 한다. 3일 추우면 4일은 온화해진다는 것이다. 하지만 기후변화로 제트기류가 힘이 빠져 남하하게 되면서 우리나라에 삼한사온과 같은 겨울철 기상현상이 깨진지 오래됐다.

지구온난화와 기후변화는 같은 의미인가?

우리나라를 비롯한 국제사회에서 기후변화가 매우 중요한 이슈로 부각되면서 다양한 언론 매체에서 기후변화와 지구온난화를 혼용해서 사용하는 경우가 허다하다. 지구온난화는 앞에서 언급한 바와 같이 대기 중에 온실가스가 과다로 존재하여 지구 밖으로 나가야 할 태양 복사에너지의 일부가 지구로 반사되어 들어오면서 지구가 차츰 더워지는 현상이다. 즉, 지구의 온도를 유지시켜 온 기능인 온실효과가 고장 난 것이다. 그리고 기후변화로 지구가 더워지면서 지금까지 유지되어 온 기후의 패턴이 깨져서 이로 인한 영향으로 태풍이 빈번해지고, 지형성 폭우가 잦아지며, 여름철과 겨울철의 기온분포가 깨진다든지, 사막화가 가속화되고 있다.

다시 말해서 지구온난화가 원인이라고 한다면 기후변화는 지구온난화로 인한 결과라고 할 수 있다. 결국 지구온난화와 기후변화는 원인과 결과의 관계이기 때문에 용어를 정확하게 구분해서 사용해야 한다. 하지만 최근에 발표되는 많은 보고서를 보면 이 두 단어를 혼용해서 사용하는 경우가 많아지고 있어서 유의어 정도로 해석하면 된다.

지구온난화는
글로벌 환경영향이다

우리나라에 겨울철과 이른 봄이 되면 불청객처럼 오는 황사와 미세먼지가 있다. 이는 중국와 우리나라와 같은 특정 지역에서는 매우 중요한 환경영향이지만 유럽이나 호주, 미주국가에서는 중요한 환경이슈가 아니다. 또한 여름철이 되면 우리나라의 하천에는 어김없이 녹조가 발생하고, 이로 인해 물고기가 떼죽음 당하거나 냄새로 불쾌감을 일으키기도 한다. 우리에겐 매우 큰 환경영향임에는 틀림이 없지만 국제사회가 공통으로 느끼는 환경영향은 아니다.

지구온난화는 어떠한가? 예를 들면, 남태평양 지역을 항해하는 대형 화물선이 항해 중에 다량의 온실가스를 대기 중으로 뿜어낸다고 가정하자. 배출되는 온실가스가 남태평양 지역의 지구온난화에만 영향을 주는가? 그렇지 않다. 지구온난화에 대한 환경영향은 어느 지역에서 온실가스를 배출하였더라도 지역에 따라 정도의 차이가 있을 뿐 모든 국가와 모든 지역의 지구온난화에 영향을 준다. 이처럼 지구온난화는 국제사회가 공동으로 해결해야 할 글로벌 환경이슈이다.

지난 2015년 12월에 파리에서 체결된 파리기후협약에 중국을 포함한 세계 195개국이 서명한 것을 보면 알 수 있다. 문재인 정부도 2018년 6월 28일에 박근혜 정부에서 발표한 국가 온실가스 감축 로드맵에 대한 수정안을 발표하고 2030년 온실가스 배출전망치(Business As Usual, BAU) 대비 37%를 줄이겠다고 발표한 바가 있다.

지구온난화를 이해하려면 이산화탄소를 알아야 한다

이산화탄소는 불완전연소가 아닌 완전연소에 의해서 발생하며 탄소(C) 1분자에 산소(O) 2분자가 결합하여 생성된 화학적으로 매우 안정한 화합물이다. 그래서 이산화탄소는 CO_2라고 표기하고 영어로는 carbon dioxide라고 부른다.

이산화탄소는 매우 안정하여 인체와 생태계에 직접적인 해를 끼치지 않은 물질이기 때문에 환경부에서 관리하는 「대기환경보전법」에서도 지구 생태계에 직접적인 해를 일으키는 64종의 대기오염 물질에 포함시키지 않았다. 특히, 「대기환경보전법」 상에서 인간과 동식물에 직접적인 해를 끼칠 것으로 판단되어 별도로 관리하는 특정 대기오염 물질에도 포함시키지 않았다. 하지만, 최근에 이산화탄소가 금세기 최고 환경이슈인 지구온난화를 유발시키는 온실가스 중의 대표 물질이라고 인정되어 「대기환경보전법」에서 별도로 관리하게 되었다.

온실가스는 이산화탄소를 포함하여 6종이 있다

기후변화를 유발시키는 온실가스는 이산화탄소 외에도 메탄(CH_4), 아산화질소(N_2O), 수소불화탄소(HFCs), 과불화탄소(PFCS), 육불화황(SF_6) 등 6종류가 있다. 이산화탄소는 연료의 연소와 호흡을 통해 대기 중으로 방출하는 것으로 전체 온실가스의 약 80% 이상을 차지한다. 메탄은 폐기물의 매립가스와 축사에서 가축의 방귀와 트림을 통해 발생되고, 석유시추 등의 과정에서도 발생한다. 아산화질소는 질소질 화학비료를 토양에 뿌리면 남겨진 질소질 성분이 산소와 반응하여 주로 대기 중으로 방출된 것을 말한다. 수소불화탄소와 과불화탄소는 그간 냉장고와 에어컨의 냉매로 사용되던 CFC_{11}의 대체 냉매로 개발되어 최근 사용량이 급증하고 있는 물질로서, 소화기나 폭발방지물, 발포제 등의 용도로도 사용되고 있다. 육불화황은 반도체 생산공정과 전기 변압기에서 주로 사용된다. 이처럼 지구온난화를 일으키는 주범인 온실가스는 인간활동을 통해 인위적으로 발생되는 것이기 때문에 우리의 노력에 따라 얼마든지 줄이거나 연구개발을 통해 다른 물질로 대체가 가능하다.

온실가스 종류별로 지구온난화에 기여하는 정도가 다르다

6종류의 온실가스가 대기 중으로 배출되었을 때, 지구온난화를 유발시키는 정도가 각기 다르다. 이를 지구온난화 잠재성 또는 지구온난화 지수(Global Warming Potential, GWP)라고 한다. 그런데, 6종류의 온실가스가 대기 중으로 배출되었을 때, 지구온난화에 기여하는 정도가 얼마나 되는지를 하나의 지표로 설명하기 위하여, 배출량이 가장 많은 이산화탄소를 기준으로 이산화탄소 1g이 배출되어 지구온난화에 기여하는 정도를 $1gCO_2e$라고 정의한다. 메탄 1g이 대기 중으로 배출되었을 때 지구온난화에 미치는 기여도는 이산화탄소의 21배에 해당한다. 이를 '$1gCH_4 = 21gCO_2e$'라고 표현한다. 그리고 아산화질소 1g이 대기 중으로 배출되어 지구온난화에 기여하는 정도는 이산화탄소의 310배에 해당하고 이를 '$1gN_2O = 310gCO_2e$'라고 표현한다. 여기서 'e'는 '~와 같다'라는 의미로 상당가(equivalent)라고 한다. 여기서 '$1gN_2O = 310gCO_2e$'의 의미를 다시 말해보면 'N_2O 1g이 대기 중으로 배출되어 지구온난화에 미치는 정도가 CO_2 310g이 대기 중으로 배출되어 지구온난화에 미치는 정도와 같다'라고 설명할 수 있다.

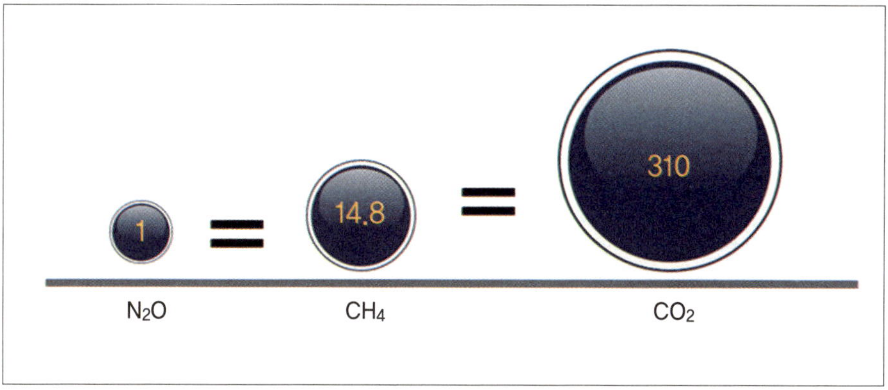

그림 25 **이산화탄소와 메탄, 아산화질소 간의 지구온난화 기여도 비교**

한 단계 더 들어가 보자. 인간활동으로 이산화탄소가 500g, 메탄이 30g, 아산화질소가 3g이 배출되었다고 가정하자. 이를 이산화탄소 상당가로 나타내 보면 $2060gCO_2e$가 된다. 이렇게 대기 중으로 배출된 온실가스 종류별 배출량을 이산화탄소 상당가로 환산하여 합한 결과를 탄소발자국(carbon footprint)이라고 한다.

- $500gCO_2 \times 1gCO_2e/gCO_2 = 500gCO_2e$
- $30gCH_4 \times 21gCO_2e/gCH_4 = 630gCO_2e$
- $3gN_2O \times 310gCO_2e/gN_2O = 930gCO_2e$

마찬가지로 수소불화탄소는 수소와 불소, 탄소의 결합방식에 따라 지구온난화 지수가 각기 달라 최소 140부터 최대 11,700이며, 과불화탄소는 최소 6,500에서 최대 9,200의 범위를 가진다. 육불화황의 지구온난화 지수는 23,900이다.

탄소배출계수란 무엇인가?

우리 가정에서 냉장고와 같은 가전제품을 사용하기 위해서는 전기를 사용해야 한다. 우리나라 전기는 2017년 기준으로 원자력발전의 비중이 26.8%이고, 화력발전이 66.8%, 수력발전이 0.8%, 태양광, 풍력과 같은 신재생에너지 발전이 5.6%이다. 이 중에서 화력발전을 보면 석탄과 유류, LNG를 열원으로 발전기를 가동하는 과정에서 다량의 온실가스가 발생되고, 석탄과 유류, LNG를 채굴해서 우리나라로 이송하고 이들을 사용가능한 에너지원으로 가공하는데도 다량의 온실가스가 발생된다.

이렇게 발생한 온실가스를 이산화탄소 상당가로 환산한 값을 화력발전에 대한 탄소발자국이라고 한다. 그리고 탄소발자국을 화력발전소에서 생산한 전력량으로 나눠 1kWh당 이산화탄소 배출량 상당가로 계산한 결과를 화력발전 1kWh당 탄소배출계수라고 한다.

이와 동일한 방식으로 원자력발전과 수력발전, 신재생에너지 발전에 대해 1kWh당으로 나타낸 결과가 발전원별 탄소배출계수이다.

발전소에서 전력을 생산하여 전기를 각 가정이나 공장으로 송전과 배전망을 통해 이송되는 과정에서 평균 3%가 손실된다. 이를 송배전 손실률이라고 한다.

위에서 설명한 발전원별 1kWh당 탄소배출계수에 발전원별 발전비율을 곱한 후에 송배전손실률(3%)로 나누면 우리나라의 전기 1kWh당 탄소배출계수가 계산된다.

$$\text{전기 탄소배출계수} = \frac{[(CF_n \times R_n)+(CF_f \times R_f)+(CF_w \times R_w)+(CF_r \times R_r)]}{(1-L)}$$

- CF: 탄소배출계수
- R: 발전월별 발전비율
- L: 송배전 손실률(%)
- n: 원자력발전
- f: 화력발전

표 5 소재, 에너지, 수송방식, 폐기방법별 탄소배출계수

명칭	단위	배출계수	명칭	단위	배출계수
시멘트	$kgCO_2e/kg$	0.944	트럭수송	$kgCO_2e/tkm$	0.249
판유리	$kgCO_2e/kg$	0.789	항공수송	$kgCO_2e/tkm$	1.100
철판	$kgCO_2e/kg$	2.340	골판지	$kgCO_2e/kg$	0.872
인쇄용지	$kgCO_2e/kg$	1.120	플라스틱 재활용	$kgCO_2e/kg$	0.019
폴리에틸렌	$kgCO_2e/kg$	2.030	폐수처리	$kgCO_2e/kg$	0.001

- w: 수력발전
- r: 신재생에너지발전

위에서 소개한 계산방식을 이용하여 플라스틱과 철판과 같은 소재와 에너지원, 트럭과 해운 등 수송방식별로 탄소배출계수가 개발되었다. 표 5는 우리나라에서 적용한 온실가스 배출원별 탄소배출계수이다.

탄소배출계수는 직접계수와 간접계수가 있다

표 5에 여러 가지의 탄소배출계수가 제시되었다. 이 탄소배출계수는 발생경로에 따라 직접 배출계수와 간접 배출계수로 구분된다. 직접 배출계수는 탄소발자국의 평가대상인 제품(또는 소재 등)을 생산

표 6 원료, 에너지, 수송방식, 폐기방법별 탄소배출계수

배출원 \ 전 과정 단계	직접 배출	간접 배출	온실가스 감축방법
연료연소	○		에너지원 교체, 공정효율 개선
공정배출	○		공정효율 개선
전기/스팀 구매		○	공정효율 개선
원료 구매		○	저탄소 원료 구매, 공정효율 개선
원료 수송		○	수송거리 최적화
제품 수송	○		유통거리 최적화
제품 사용(자동차 등)	○		에코디자인을 통한 에너지효율 개선
재활용/소각/매립		○	재활용가능 소재 사용, 포장부피 최소화

하는 공장에서 발생하는 온실가스 배출량을 산정하여 산출한 계수이고, 간접 배출계수는 제품을 생산하는 공장으로 원료를 납품하는 공장에서 해당 원료를 생산하는 과정에서 발생한 온실가스 배출량을 말한다. 그런데 제품을 생산하는 공장은 에너지원 교체 및 공정효율 개선 등을 통해 공장에서 발생한 온실가스를 직접 관리할 수 있지만 원료를 생산하는 공장에서 발생한 온실가스는 제품을 생산하는 공장에서 직접적으로 관리할 수 없기 때문에 이를 간접 배출계수라고 한다.

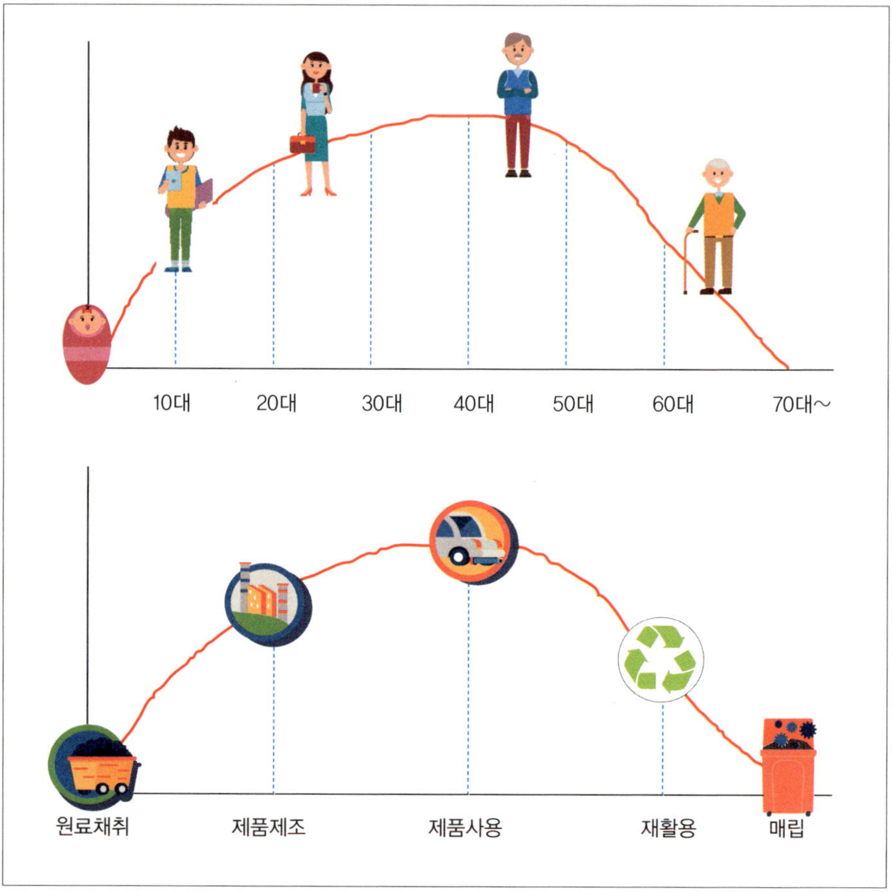

그림 26 **사람(위)과 물건(아래)의 전 과정(life cycle) 비교**

제품 탄소발자국은 전 과정을 포함해야 한다

사람은 태어나서 유아기와 유년기를 거친 후 청소년기, 장년기, 노년기를 지나 일생을 다하는데, 이를 사람의 전 생애(life cycle)라고 한다. 사람과 마찬가지로 제품도 사람의 전 생애에 해당하는 전 과정(product's life cycle)이 있다. 샴푸와 같은 가정용품과 가공식품류, 가전제품류 등 모든 제품은 제품의 원료를 자연으로부터 공급받아 소재를 만들고 이를 활용하여 제품을 생산하며, 제품을 다시 물류센터로 보내면 소비자가 제품을 구매하여 사용한 후에 수명을 다한 폐기물은 재활용하거나 소각, 매립의 과정을 통해 처리한다. 이것이 제품의 전 과정이다.

제품 전 과정인 생산과 소비, 폐기의 과정에서 필연적으로 에너지 사용에 따른 온실가스를 배출한다. 이처럼 제품 탄소발자국은 제품의 전 과정에서 배출되는 직·간접적 온실가스 배출량을 이산화탄소 발생량으로 환산한 값을 말한다. 제품 탄소발자국은 다음과 같은 계산과정을 통해 얻어진다. 즉, 제품 탄소발자국은 다음 식과 같이 제품의 생산과 수송, 사용, 폐기과정에서 온실가스를 발생시키는 모든 배출원(Activity, A)을 조사하고 배출원별 탄소배출계수(Carbon Footprint, CF)를 곱한 후에 최종적으로 합한 값이다.

$$PCF = \sum (A \times CF_a)$$

- PCF: 제품 탄소발자국
- A: 온실가스 배출원 (예: 원료량, 에너지량, 재활용량 등)
- CF_a: a라는 온실가스 배출원에 대한 탄소배출계수

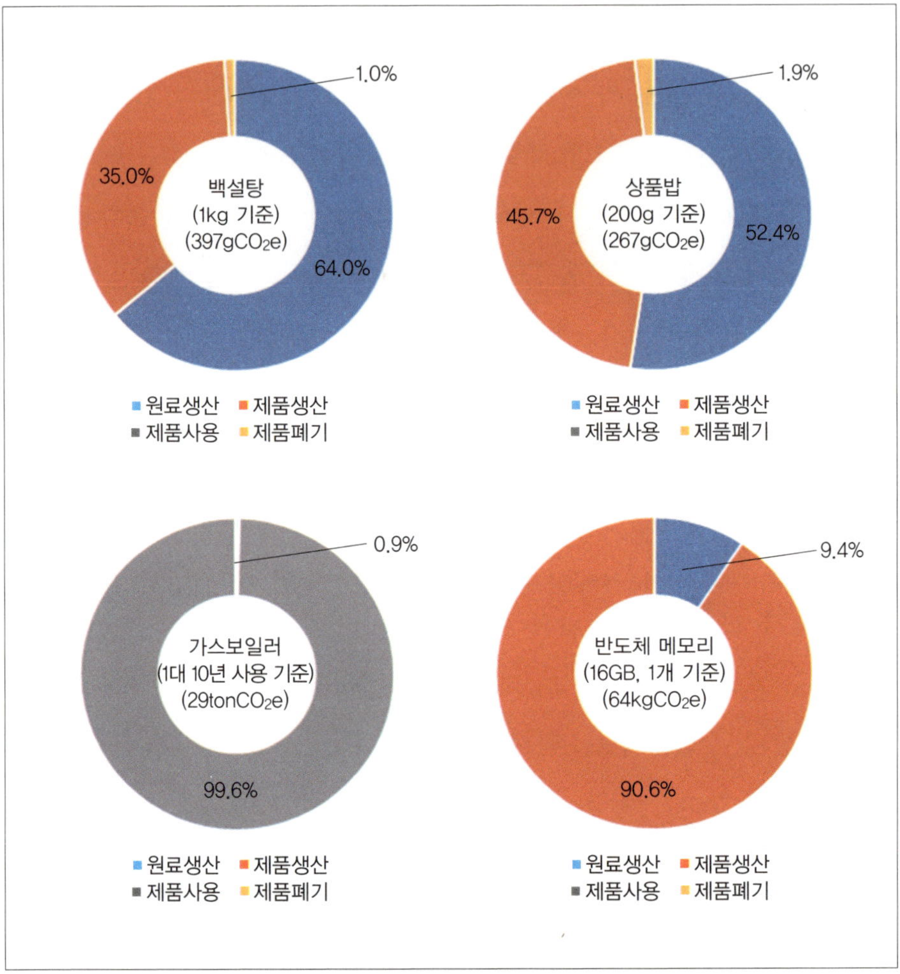

그림 27 각 제품의 전 과정 단계별 탄소발자국 비율(%)

그림 27은 위에서 설명한 제품 탄소발자국 산정방식에 따라 서로 다른 4종류의 제품에 대한 탄소발자국을 산정한 후에 원그래프로 나타낸 것이다. 식품 원료인 백설탕의 경우, 1kg의 백설탕의 전 과정에서 발생한 제품 탄소발자국은 397gCO_2e이다. 이 중에서 64.0%가 원료

생산과정에서 간접 배출되며, 35.0%가 설탕 제조과정에서 직접 배출되고, 1.9%가 폐기단계에서 간접 배출된다. 그리고 200g 기준 상품밥의 제품 탄소발자국은 267gCO_2e이다. 이 중 원료생산과 제품생산이 각각 52.4%와 45.7%로 거의 같고 폐기단계가 1.9%이다. 가스보일러의 제품 탄소발자국은 사용단계에서 보일러 연소로 인해 전체 온실가스 배출량의 99.6%가 발생한다. 마지막으로 반도체 메모리 16GB 1개에 대한 탄소발자국은 64kgCO_2e인데, 원료 생산과정에서 전체 탄소발자국의 9.4%, 반도체 생산단계에서 90.6%가 발생한다. 즉, 제품의 종류에 따라 온실가스가 가장 많이 발생되는 단계가 서로 다르기 때문에 온실가스 감축전략은 제품의 특성을 고려하여 설계하는 것이 맞다.

제품 탄소발자국 의미를 이해하는 것이 친환경소비의 출발점

환경부 산하기관인 한국환경산업기술원에서 공개한 자료에 의하면 우리 국민들이 많이 타는 승용차 중에 그랜저 승용차(2.4L) 한 대를 생산하여 운행한 후에 폐차할 때까지의 평균 주행거리는 12만 ㎞인데, 이 과정에서 발생하는 이산화탄소가 26.2톤이다. 이는 전기 1kWh를 생산할 때 발생하는 이산화탄소가 약 500g[6]이기 때문에

6) 환경부의 탄소발자국 인증에서 사용하는 전기 1kWh당 탄소배출계수가 495gCO_2/kWh이다.

그림 28 **이산화탄소 발생량 기준 동급 소비 비교**

52,900kWh의 전기를 소비하는 것과 맞먹으며, 에너지효율 1등급을 받아 월 평균 소비전력량이 31kWh인 820L급 양문형 냉장고 1대를 142년 가동하는 과정에서 발생한 이산화탄소 발생량과 같다. 다양한 인간활동에 따라 필연적으로 배출되는 온실가스 배출량이 얼마인지를 정확히 인지하기는 어렵지만 이렇게 비교가능한 대상을 기준으로 설명하면 이해하기가 쉽다.

표 7은 일상생활에서 쉽게 접하는 제품과 서비스에 대한 탄소발자국 인증결과이다. 생수 500mL 용량의 PET용기에 담긴 제품으로 인해 발생하는 탄소발자국이 평균 90g인데, 이는 전기를 0.2kWh를 생산하는 과정에서 발생하는 탄소발자국과 같고, 820L급 냉장고를 4.3시간 가동하는 동안에 발생하는 탄소발자국과 같다. 또한 서울에서 제주로 비행기를 타고 여행하는 과정에서도 탄소발자국은 발생한다. 이 과정에서 편도로 60,000g의 탄소발자국이 발생하는데, 이는 전기를 120kWh 생산하는 것과 같고, 820L급 냉장고를 120일 가동하는 동안에 발생하는 탄소발자국과 같다.

표 7 제품별 평균 탄소발자국별 전기 및 냉장고 가동 환산치 비교

제품명/규격	탄소발자국 (gCO_2e)	전기 생산 기준	냉장고 가동 기준 (820L급)
생수(500ml, PET용기) 1병	90	0.2kWh	4.3시간 가동
샴푸(680ml, 플라스틱 용기) 1병	680	1.4kWh	32.6시간 가동
분말세제(1kg, 비닐팩) 1팩	1,100	2.2kWh	52.8시간 가동
우유(200ml, 종이팩) 1팩	155	0.3kWh	7.4시간 가동
항공여행(서울-제주, 편도, 1인)	60,000	120kWh	120일 가동

이렇게 보면 우리가 무심코 서울에서 제주까지 비행기로 이동하는 과정에서 얼마나 많은 탄소발자국이 발생하고 이로 인해 기후변화에 얼마나 관여하는지를 알 수 있다.

탄소발자국을 줄이기 위해 국민 불편을 감수하는 노력이 필요

자동차가 없던 시절에는 먼 거리를 걸어서 다녔다. 그러다가 자전거가 보급되면서 자전거를 타고 먼 거리를 보다 빨리 이동할 수 있었다. 좀 더 빨리 이동하는 댓가로 우리는 자전거 값을 지불한다. 하지만 엄밀히 말해서 자전거를 만드는 과정에서 온실가스를 지구로 배출한 것이다. 다시 말해서 자전거로 빨리 이동하게 되면서 비용을 지불한 것 이외에 지구환경오염을 유발한 것이다. 이와 유사하게 자동차가 개발되어 자전거보다 훨씬 빨리 편리하게 이동할 수 있지만 많은 비용의 지불과 함께 온실가스 배출량도 급증한다. 또한 비행기를 이용하면서 자동차보다 더 빨리 이동할 수 있지만 더 많은 비용의 지불과 온실가스를 배출한다. 다시 말해 인간이 편리해지고자 하면 할수록 온실가스 배출량은 더 늘어난다는 말이다.

실제로 한국에너지공단과 녹색연합에서 발표한 자료에 따르면 시민 1인이 지하철을 타고 1㎞를 이동할 때 발생하는 CO_2가 0.4g이고 버스를 타고 1㎞를 이동하면 15.6g, 자가용으로 1㎞를 이동하면 195g이 발생한다. 즉, 시민 1인이 지하철을 타는 것보다 자가용을 타는 경우에 약 500배의 CO_2를 더 배출한다는 의미이다. KT 빅데이터 사업단에서 발표한 서울거주 직장인의 일평균 출퇴근거리는 13.3㎞이다. 또한 매일경제에 따르면 서울 직장인의 출퇴근 시 수송 분담률은 버스가 29%, 지하철 41%, 승용차 및 택시가 30%이다. 연간 근무일수를 230일로 가정하고 서울 직장인의 운송수단을 전부 지하철로 전환할 경우 1인당 연간 약 192kgCO_2가 줄어들고, 버스로 이동하면 146kgCO_2가 절감된다. 반면에 자가용으로 전환하면 오히려 403kgCO_2가 늘어난다. 이처럼 불편을 감수하면 교통비도 절감되고 온실가스도 줄어드는 일석이조의 효과를 거둘 수 있다.

탄소발자국 감축방안으로서 탄소배출권거래제와 탄소세

제품을 생산하는 과정이나 인간활동 과정에서 발생한 온실가스는 지구온난화의 주범이다. 하지만 이를 원상복구하는데 들어가는 추

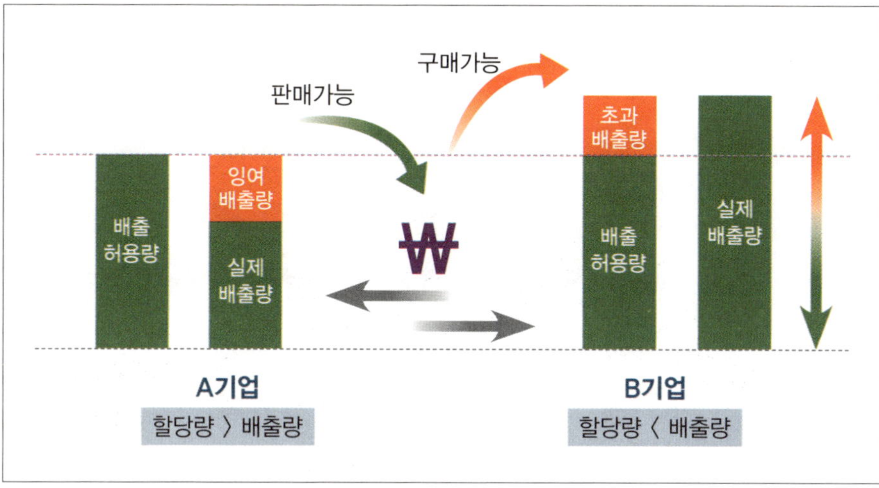

그림 29 **탄소배출권거래제 개념도**

가비용은 지금까지는 전적으로 국가부담이 원칙이었다. 탄소배출권 거래제와 탄소세는 온실가스의 발생주체에게 환경복구비용을 부담시키는 오염자부담원칙에 따른 준조세라고 할 수 있다.

탄소배출권거래제는 국가가 온실가스 배출총량을 사전에 설정하고 이를 개별 기업들에게 배분하여 그 범위 내에서 온실가스를 배출하도록 유도하지만, 기업의 여건에 따라 더 배출하는 기업과 덜 배출하는 기업이 있으면 이들 기업 간의 온실가스 배출권에 대한 거래를 통해 온실가스 배출권이 남은 기업이 배출권을 초과한 기업에게 거래를 통해 판매할 수 있도록 함으로써 궁극적으로 기업이 온실가스를 줄이도록 유도하는 제도이다. 영국이 2002년에 배출권거래제를 처음으로 시행한 이래로 우리나라는 2015년 1월부터 전국단위의 탄소배출권거래제가 시행되고 있다.

그림 30 프랑스 '노란조끼' 시위 장면

[출처] 중앙일보

반면에 탄소세는 온실가스를 배출하는 석유 또는 석탄 등 각종 화석연료의 사용으로 인해 발생하는 이산화탄소 배출량에 따라 부과되는 세금으로서 경제활동을 위축시킬 우려가 있지만 국민 행동을 통해 온실가스를 실질적으로 줄일 수 있는 가장 효과적인 방안이다. 이는 1991년 유럽공동체의 에너지환경 각료회의에서 도입 방침을 합의한 이래로 스웨덴, 핀란드, 네덜란드, 덴마크, 노르웨이 등 북구유럽 등 12개 국가에서 부분적으로 시행하고 있다. 2018년 말부터 2019년 초까지 프랑스에서 벌어진 '노란조끼'를 입은 시민의 격렬한 시위는 엄밀히 말하면 프랑스 마크롱 정부의 탄소세 인상에 반대하는 시위였다.

주택 가격이 비싸서 파리 외곽으로 내몰린 저소득층 노동자가 대중교통의 혜택을 받지 못해 자가용으로 파리시내로 출퇴근할 수밖에 없

표 8 탄소배출권거래제와 탄소세 비교

구분	탄소배출권거래제	탄소세
목적	• 개별 기업에게 할당된 탄소배출권을 시장에서 거래함으로써 온실가스를 감축	• 탄소배출량 만큼 세금을 부과하여 저탄소제품의 생산을 유도
대상	• 회사, 국가단위	• 가정, 소규모 단위
장점	• 정책운영이 쉬움 • 기술개발의 촉진 효과	• 정책운영이 간편함 • 탄소가격이 안정적
단점	• 탄소가격의 불안정 • 거래비용이 추가 발생	• 감축량 산정의 어려움 • 경제활동의 위축 우려

는 상황에서 탄소세 인상에 따른 유류가격 인상으로 이들이 격분한 것이다. 이에 프랑스 정부는 탄소세 인상을 6개월 유예한다고 발표한 바가 있다. 우리나라는 탄소세 대신에 탄소배출권거래제를 도입하여 기업을 중심으로 시행하고 있다. 하지만 온실가스를 줄이라는 국제사회의 압박으로 일부 화석연료에 대한 탄소세의 도입은 시기의 문제이지 이행할 수밖에 없다고 본다.

동일제품에 대해 국가 간 탄소발자국은 다르다

같은 제품에 대해 동일한 산정기준을 적용하여 탄소발자국을 산정하더라도 국가별로 그리고 사업장별로 탄소발자국은 차이가 난다. 그

그림 31 코카콜라 500ml 용량의 PET 용기제품의 탄소발자국 비교

[출처] 2008년도 한국의 탄소발자국 결과는 한국환경산업기술원의 시범인증 결과를 활용하였고, 영국의 탄소발자국 결과는 카본트러스트의 결과를 활용

이유는 제품의 생산과정에서 사용되는 전기 1kWh를 생산하는 동안에 발생하는 탄소발자국이 나라마다 다르고, 각 사업장별로 생산성이 차이가 나서 제품 1단위당 전력소비량이 다르기 때문이다.

그림 31은 500ml 용량의 PET[7)] 용기에 담긴 코카콜라 제품에 대해 2008년에 우리나라와 영국에서 인증을 받은 탄소발자국이다. 양국의 탄소발자국 산정기준은 국제표준을 따르기 때문에 거의 유사하다. 탄소발자국 결과를 보면 우리나라는 168g이고 영국은 185g으로, 영국이 우리나라보다 약 10% 정도 탄소발자국이 큰 것으로 나타났다.

이처럼 우리나라와 영국에서 동일제품에 대한 탄소발자국이 차이를 보인 이유는 그림 32로 설명할 수 있다. 코카콜라 제품의 생산과 소비

7) PET: Poly Ethylene Terephthalate의 약자로 고분자 소재의 일종이다. PET가 음료병에 주로 사용되는 PET병의 원료가 된다.

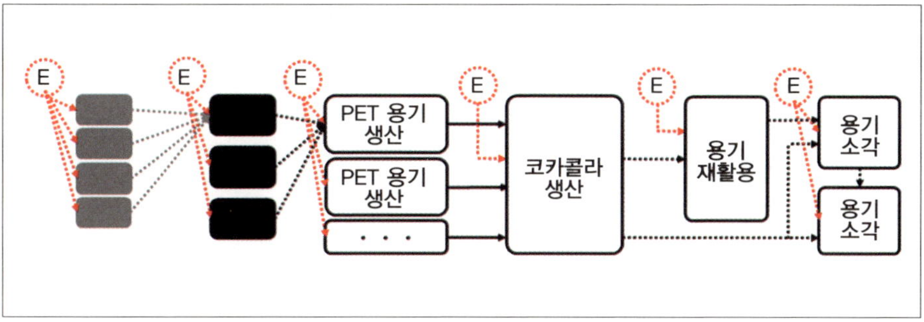

그림 32 동일제품에 대해 국가 간 탄소발자국의 차이

[해설] 둥근 네모박스는 각 공정을 나타내는 것으로, 각 공정으로 원료가 투입되고 전기가 공급되어 공장이 가동된다. 여기서 'E'로 표시된 것이 전기를 의미한다. 물론 연료와 같은 동력원이 투입되지만 여기에서는 편의상 나타내지 않았다.

과정에서 PET 용기가 필요하다. 이는 석유로부터 기초유분을 생산한 후에 이를 이용하여 PET라는 플라스틱 소재를 만든 후에 성형 틀에서 가공하여 만든다. 또한 음료를 먹고 난 PET 용기는 국가 재활용 시스템에 따라 재활용되고 일부는 소각 또는 매립의 과정을 거친다. 그런데, 이 모든 과정에서 전기는 에너지원으로 사용된다. 그런데, 양국의 전기 1kWh당 탄소발자국이 우리나라는 495g이고 영국은 618g이다. 영국의 전기 1kWh당 탄소발자국이 우리나라보다 약 25%가 높은데, 이로 인해 양국에서 생산한 동일 제품에 대한 탄소발자국의 차이가 발생한다. 그런데, 양국의 동일 제품에 대한 탄소발자국 차이가 10% 안팎인데 전기에 대한 탄소발자국은 25% 정도의 차이를 보이는 것으로 보아 영국의 생산성이 우리나라보다 높을 것이라는 합리적인 추론을 해 볼 수 있다. 물론 양국의 탄소발자국의 차이를 보인 원인은 우리가 모르는 다른 요인이 작용할 수도 있다.

02>>

친환경소비를 위한 탄소라벨

환경라벨이란 무엇인가?

우리가 소비하는 제품에는 소비자의 제품 선택도를 높이기 위해 각양각색의 라벨이 부착되어 있다. 최근 젊은 소비층을 중심으로 친환경제품에 대한 관심이 커지면서 제품에 대한 환경성 정보를 표시하는 라벨이 증가하고 있다. 이를 환경라벨(eco-label)이라고 한다.

그림 33은 시장에서 많이 통용되는 환경라벨들이다. 환경라벨에는 3종류가 있다. 첫째, 친환경을 판정하는 기준치를 설정한 후에 기준치보다 낮은 경우에 친환경 인증을 부여하는 방식이 있다. 즉, 라벨이 부착된 제품은 친환경제품이란 의미이다. 둘째, 소비자에게 제품의 친환경 등급정보를 제공하여 등급이 우수할수록 친환경이라는 의미를 갖는 방식이다. 마지막으로 셋째는 제품에 대한 각종 환경정보를 제공하여 소비자가 정보를 확인하고 자신이 알고자 하는 정보에 따라

그림 33 정부와 민간에서 운영하는 환경라벨

제품을 구매하도록 유도하는 방식이 있다. 세 번째 라벨을 이해하기 어렵다면 그림 34를 보면 이해할 수 있다. 이는 식품의약품안전처[8)]

8) 식품 영향성분 표시는 식품의약품안전처 공고 제2016-19호(식품 등의 표시기준 일부개정 고시)에 따라 식품기업이 제품을 출시할 때 고시에 맞게 표시하고 있다.

영양정보

1조각당	1일 영양성분 기준치에 대한 비율
나트륨 00mg	**00%**
탄수화물 00g	**00%**
당류 00g	
지방 00g	**00%**
트랜스지방 00g	
포화지방 00g	**00%**
콜레스테롤 00mg	**00%**
단백질 00g	**00%**

1일영양성분 기준치에 대한 비율(%)은 2,000kcal 기준이므로 개인의 필요 열량에 따라 다를 수 있습니다.

그림 34 **영양정보 표시 예**

에서 제시한 규정에 따라 시장에 출시되는 식품에 표시하는 영양성분 표시로서 영양성분에 대한 정량적인 정보를 소비자에게 제공하여 소비자들이 이 정보를 확인하고 식품을 선택할 수 있도록 한다. 식품 안전측면에서 세 번째 유형의 라벨은 이미 정착되었지만, 환경측면에서는 도입한 지 15년이 되었으나 아직 많이 알지 못한다.

그림 33에 열거한 9개 라벨 중에서 앞에서 6개가 친환경라벨이다. 즉, 이 마크가 부착된 제품은 공식적으로 친환경기준을 만족한 친환경제품임을 입증한다는 의미이다. 7번째 라벨은 등급라벨로서, 소비자들이 등급정보를 보면서 구매하도록 유도한다. 8번째와 9번째 라벨은 환경성표시 라벨이다. 8번째 라벨을 보면 하단에 홈페이지 주소

(www.epd.or.kr)가 있는데, 이것의 의미는 홈페이지를 열어보면 해당제품에 대한 각종 환경성정보를 확인할 수 있다는 의미이다. 원칙적으로 식품 영양정보 표시처럼 관련 정보를 포장지에 표시하는 것이 맞지만 환경정보에 대한 법적규제가 없어서 한정된 공간에 정보를 표시하기 위한 차선책으로 택한 방법이다. 최근에는 QR코드를 통해 휴대폰으로 제품에 대한 환경성정보를 확인할 수 있는 방안도 마련되고 있다. 마지막 9번째로 제시된 라벨이 탄소라벨이다. 이는 제품의 전과정에서 발생한 온실가스를 이산화탄소 발생량으로 환산한 탄소발자국 정보를 제품에 표기한다. 물론 소비자들은 탄소발자국 정보가 공개되더라도 그게 어떤 의미인지를 명확히 알 수 없지만 동일 제품을 비교하면서 구매하도록 권장하기 위한 것이다.

우리나라의 탄소라벨은 탄소배출량 인증과 저탄소 인증이 있다

우리나라는 두 종류의 탄소라벨이 있다. 먼저 대상제품의 생산과 사용, 폐기를 포함한 전 과정에서 발생한 온실가스를 탄소발자국으로 표시한 1단계 탄소발자국 인증이 있다. 탄소발자국 인증은 온실가스를 얼마나 배출하는지 정보를 명확히 공개하는 것에 의미가 있고, 그 자체로는 친환경제품이라는 의미는 아니다. 그림 35의 왼쪽 도안이 탄소발자국 인증을 의미하는 것으로 환경부에서 운영한다.

두 번째는 2단계 저탄소제품 인증이 있다. 이는 환경부와 농림축산식품부에서 각기 다른 방식으로 운영한다. 그림 35의 오른쪽은 환경

그림 35 탄소발자국 인증 및 저탄소제품 인증도안의 의미

부에서 운영하는 저탄소제품 인증을 나타내는 마크이다. 이 마크를 보면 'CO_2' 문자에서 'O'의 내부에 아래 방향으로 향하는 화살표가 있는데, 이는 기존에 1단계 탄소 배출량 인증을 취득한 제품의 탄소 배출량보다 감소했다는 것을 의미한다. 그리고 도안의 하단에 저탄소라는 용어의 양쪽에 별표가 있는데, 이는 '프리미엄'의 의미를 담고 있다. 저탄소제품 인증을 취득하기 위해서는 동종 제품의 평균 탄소배출량보다 적어야 되고 1단계 탄소발자국 인증결과보다 4.24%가 감소해야 하는 매우 어려운 과정이 요구되기 때문이다.

농림축산식품부에서 농축산물을 대상으로 하는 저탄소 인증은 환경부와는 달리 1단계의 탄소발자국 인증을 취득해야 2단계 저탄소제품 인증을 취득할 수 있는 것이 아니고, 농축산물 별로 제시한 저탄소 인증기준보다 온실가스 배출량이 적으면 곧바로 저탄소 인증을 취득할 수 있다. 그림 33의 5번째 마크가 여기에 해당한다. 환경부의 저탄소

인증은 농축산물을 제외한 모든 제품을 대상으로 하며, 동일제품에 대해 기존보다 온실가스 감축여부에 따라 인증을 부여한다. 농림축산식품부의 저탄소 인증의 대상제품은 농축산물로 한정되어 있고 동종 농축산물의 평균 온실가스 배출량에 비해 낮아야 한다.

국가별 탄소라벨은 어떤 것이 있는가?

우리나라를 포함한 일본, 영국, 미국 등 세계 10여 개국에서 탄소라벨 제도를 운영하고 있다. 운영주체 측면에서 볼 때, 우리나라와 영국, 일본, 대만은 국가가 직·간접적으로 운영하는 제도이며, 스위스, 프랑스, 미국 캐나다, 호주는 민간에서 운영하는 제도이다.

단계적 측면에서 볼 때 일본, 프랑스는 온실가스 배출량을 선언하는 1단계 인증만을 운영하며, 영국, 캐나다는 2단계 저탄소(탄소감축) 인증만을 운영한다. 반면에, 우리나라와 대만은 1단계와 2단계 인증을 모두 운영한다. 프랑스는 1단계 인증을 하지만 인증정보를 등급으로 제시한다. 영국은 2단계 저탄소 인증이지만 정확히 말하면 최초 인증은 온실가스를 감축하겠다고 선언하면 인증을 부여하며 갱신할 때부터는 온실가스를 줄이지 않으면 인증을 받을 수 없는 방식이다. 스위스의 Climatop은 명칭 그대로 동종 제품 중에서 탄소 배출량이 상위 약 10%에 해당하는 제품만이 부착할 수 있다. 그밖에 미국과 독일, 호주는 탄소중립인증을 하는데, 이는 저탄소 인증제품은 온실가스를 줄였지만 엄밀히 말하면 온실가스를 배출하기 때문에 배출량 만

그림 36 세계 각국의 탄소라벨 목록

[해설] ACFN(Asia Carbon Footprint Network)의 홈페이지 에 제시된 세계 각국의 탄소라벨링 정보를 토대로 작성 (acfnetwork.net/overview-of-product-carbon-footprinting-schemes/)

큼을 외부에서 온실가스 감축분을 구매하여 탄소 배출량을 제로화 한 경우에 주는 인증으로 아직 활성화되지는 않는 방식이다. 이처럼 탄소라벨 제도는 다르지만 궁극적인 목적은 온실가스 배출량이 적은 제품이 시장에서 통용되도록 하는 것이다.

탄소감축과 저탄소를 구분하라

탄소라벨 인증제품 중에서 2단계 저탄소 인증을 시행하는 대표적인 국가는 우리나라와 대만이다. 그런데 우리나라와 대만은 각기 다른 2단계 인증을 시행하고 있다. 대만은 탄소감축(carbon reduction) 실적을 인증하는 탄소감축라벨을, 우리나라는 동종제품보다 온실가스 배출량이 적은 저탄소(low carbon) 임을 인증하는 제도를 하고 있다. 소비자들은 '탄소감축'과 '저탄소'의 의미에 어떤 차이가 있는지 명확히 파악하기 어렵다. 하지만 두 제도 사이에는 큰 의미상의 차이가 있다.

탄소감축은 실제로 온실가스를 줄였지만 줄인 결과가 동종의 다른 제품보다 온실가스가 적다는 것을 의미하지는 않는다. 하지만 저탄소라는 의미는 온실가스를 줄인 결과가 동종제품보다 온실가스 배출량이 적다는 것을 의미한다. 따라서 탄소감축인증을 받은 제품은 엄밀한 의미에서는 친환경제품이라고 할 수 없지만 저탄소제품은 친환경제품의 부류에 포함된다고 할 수 있다.

제조원가를 낮춰
가격 경쟁력을 높인 저탄소제품

그림 37을 보면 기존 공정은 제품 90을 생산하기 위해 투입물 100이 들어가고 배출물 10이 나온다. 즉, 생산수율은 90%이다. 기술개발을 통한 공정수율 향상으로 동일한 제품 90을 생산하는데 투입물이 기존보다 5가 줄어든 95가 들어가고 배출물 발생이 5로 줄어들었다고 가정하자. 공정수율은 기존보다 4.7%가 개선된 94.7%이다. 개선된 공정은 기존 공정보다 적게 투입된 물질 5 만큼을 생산하는 과정에서 발생한 온실가스 배출량을 줄였다. 또한 배출물 발생량도 5를 줄였는데, 이에 따라 배출물을 처리하는 과정에서 발생한 온실가스 배출량

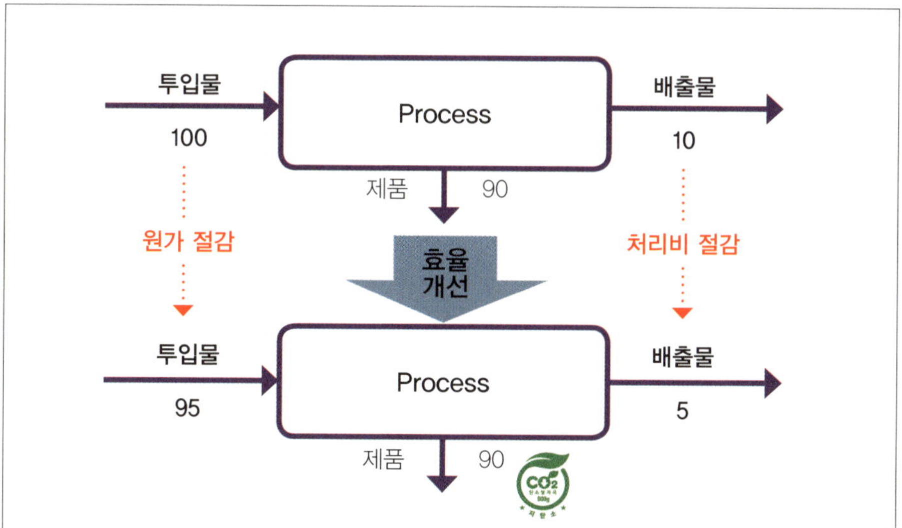

그림 37 공정 효율개선에 따른 제조원가 절감의 예

표 9 전 과정 단계별 온실가스 감축활동의 비용절감 여부 분석

전 과정 단계	온실가스 감축방법	비용절감 여부
생산단계	• 생산수율을 높여 자재 투입량을 감축	원료 원가절감
	• 원료의 일부를 재생소재로 대체	원료 원가절감
	• 생산수율을 높여 공정 에너지량을 감축	에너지 원가절감
	• 사업장의 냉매를 친환경냉매로 교체	
	• 원료 수송거리를 최소화하여 연료 소비량 감축	연료비 절감
	• 폐기물 발생량을 줄여 처리과정 최소화	처리비 절감
	• 포장부피를 줄여 포장재 소비량 최소화	자재비 절감
사용단계	• 에너지 소비효율을 높여 전기소비량 감축	에너지비용 절감
	• 세탁효율을 높여 물 소비량 최소화	수도요금 절감
	• 포장폐기물 발생량 감축으로 처리과정 최소화	처리비 절감
폐기단계	• 폐기물 발생량 최소화로 처리과정 최소화	처리비 절감
	• 소각 및 매립비율 감축 및 재활용률 증가	
	• 폐기물 처리를 위한 운송거리 최소화	연료비 절감

을 줄인 결과를 가져왔다. 이에 따라 기존 제품에 비해 온실가스를 줄인 실적을 인정받아 저탄소제품 인증을 취득할 수 있다. 표 8을 보면 제품을 생산하는 전 과정의 각 단계에서 온실가스를 줄일 수 있는 방법을 열거하였다.

이처럼 저탄소제품은 생산과정에서 원료비 절감과 에너지비용 절

감, 폐기물 처리비용 절감 등 제조원가를 줄여주기 때문에 다른 제품들에 비해 지구온난화 영향을 줄일 뿐만 아니라 제품의 가격경쟁력도 높이는 일석이조의 효과를 갖는다.

저탄소제품이 친환경제품인가?

탄소라벨링은 기업의 온실가스 배출정보 및 감축정보를 제품에 라벨형식으로 부착하여 홍보함으로써 녹색소비자들이 이 제품을 구매하도록 유도하는 제도이다. 그런데, 온실가스를 줄인 저탄소제품이 친환경 제품인가에 대한 근본적인 의문을 제기한 전문가가 많다.

예를 들어, 저탄소제품이 온실가스를 줄여 기후변화를 늦추는데 기여한 공로는 인정되지만 동종의 다른 제품들에 비해 인체에 유해한 화학물질이 다량 검출되었다고 가정하자. 이 제품이 친환경제품인가? 반대로 유해물질이 전혀 없어서 인체독성 및 생태계 독성영향이 거의 없는 제품이지만 제품 생산과정에서 에너지효율이 매우 낮아 온실가스 배출이 동종의 다른 제품에 비해 훨씬 많다고 가정하자. 이 제품이 친환경제품인가? 두 경우 모두 친환경제품이 아니다. 왜냐하면 두 가지 사례에 비춰볼 때, 온실가스를 줄이고 유해물질을 없애서 독성영향을 줄이는데 기여했지만 다른 오염물질의 배출이 많아 예상치 못한 환경영향을 일으킬 수 있기 때문이다.

따라서 친환경제품이란 해당 제품의 전 과정에서 발생가능한 모든 환경영향이 동종의 다른 제품들에 비해 낮은 제품이라고 정의할 수 있다. 이제 이 책을 읽은 독자 여러분은 저탄소제품을 친환경제품이라고 하지 말고 단지 저탄소제품이라고 부르기를 바란다.

내연기관자동차가 전기자동차보다 $LCCO_2$를 7배 더 배출

1971년에 결성된 민간환경보호단체인 그린피스는 2028년까지 연료를 연소시키는 내연기관자동차의 생산을 중단하고 전기자동차로 전환해야 한다고 주장한다. 그 이유는 기후변화 정부 간 협의체(Intergovernmental Panel on Climate Change, IPCC)가 지구 평균기온의 상승폭을 1.5℃로 제한하기 위해서는 전 세계의 온실가스 배출량을 2010년 대비 45%를 줄여야 한다고 권고하는데, 그린피스가 2018년에 독일항공우주센터에 의뢰하여 IPCC의 권고사항을 달성하기 위한 방법을 연구한 결과 2028년까지 내연기관 차량의 생산을 중단해야 한다는 연구결과를 얻었기 때문이다.

그린피스에 따르면, 내연기관자동차 중에서 일반 세단의 수명 주기 동안 운행하는 과정에서의 이산화탄소 발생량인 $LCCO_2$(life cycle CO_2)를 산정한 결과 평균 53.8톤인 반면에, 준중형 전기자동차 1대는 평생 21.1톤의 이산화탄소를 발생시키고 저탄소 전기자동차는 평생 7.6톤을 배출한다. 따라서 일반 세단의 $LCCO_2$가 저탄소 전기자동차에 비해 약 7배 정도 더 배출한다. 즉, 기존의 내연기관자동차를 교체할 때 전기자동차로 전환하는 것이 온실가스를 줄이는 친환경활동이라고 할 수 있다.

친환경농법으로 생산한 친환경농산물이 온실가스를 줄인다

관행농법이란 농촌에서 현대의 과학농법을 활용하여 행해지는 일반적인 농사방법으로 과학영농기술에 의한 고품질 안전농산물의 다수확을 위해 품종을 개량하거나 농약 및 화학비료를 살포하여 잡초가 자라거나 병충해를 미연에 방지하는 방식이다. 이는 농기계를 활용하여 간편하고 효율적으로 농사를 짓는 방식으로 토지 및 노동, 자본의 생산성을 최대한 높인다.

반면에 친환경농법이란 물과 공기, 토양의 오염을 최소화하기 위하여 농약 및 화학비료, 항생제를 사용하지 않거나 최소한으로 투입하여 생태계를 유지 보존하면서 안전한 농산물을 생산하는 방식이다.

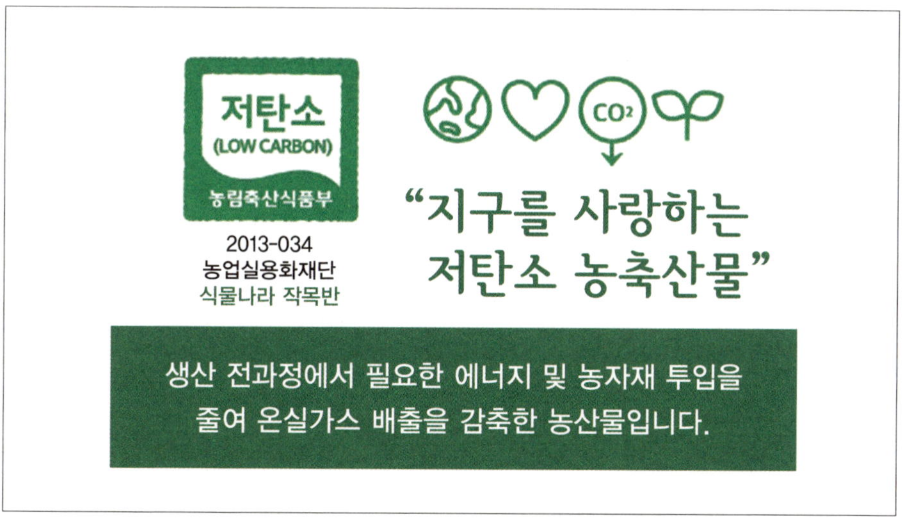

그림 38 저탄소 농산물 인증에 대한 홍보화면

친환경농법에 의해 생산된 농산물로 인정을 받으면 무농약농산물 또는 유기농산물로 상자에 표기하여 유통 · 판매할 수 있다.

그런데, 관행농법은 살포하는 농약과 화학비료를 제조하고 운송하는 과정에서 다량의 간접 온실가스를 배출하며, 농사짓는 과정에서 농기계를 사용함에 따라 다량의 직접 온실가스를 배출한다. 비닐하우스를 사용할 경우, 실내 온도 유지를 위해 보일러를 가동하면서 추가적인 직접 온실가스를 발생시킨다. 반면에 친환경농법은 화학비료와 농약을 사용하지 않고 농가에서 직접 퇴비를 만들어 뿌리고 있으며, 농약대신 해충을 없애는 농법으로 유기농업을 한다. 실제로 농촌경제연구원의 김창길 박사(2016)의 연구논문에 따르면 유기농업이 관행농업에 비해 1헥타아르(ha)당 온실가스 감축효과가 20~25%이다. 즉, 우리 가정에서 친환경농산물을 소비하는 것이 인체에도 좋고 온실가스를 줄여서 지구환경 보호에도 도움이 된다.

실제로 농림축산식품부가 시행하고 있는 저탄소 농산물 인증은 친환경농산물 인증을 취득한 농산물 중에서 저탄소 농업기술을 농업생산 전반에 도입하여 온실가스를 실질적으로 줄인 농산물에게 주어진다. 따라서 저탄소 농산물을 소비하는 것은 환경에도 좋고 건강에도 좋은 활동이다.

육식과 유제품을 줄이는 것이 저탄소 소비활동

UN 산하의 식량농업기구(FAO)에 따르면, 인류가 배출하는 온실가

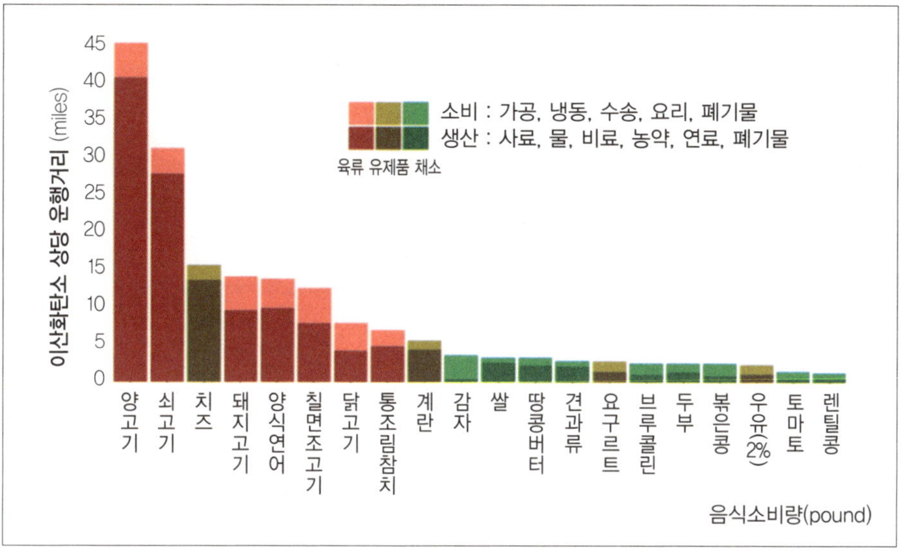

그림 39 육류와 유제품, 채소별 LCCO$_2$의 자동차 운행거리 환산량

[출처] Meat Eater's Guide의 그래프

스의 약 30%가 우리가 먹는 식량을 재배하는 과정에서 발생하는데, 그 중 80%가 축산부문에서 배출된다. 축산부문에서 배출되는 온실가스가 지구 전체 온실가스 배출량의 14.5%를 차지한다. 그림 39와 같이 미국의 환경작업그룹(Environmental Working Group, EWG)에서 운영하는 'Meat Eater's Guide'에서 발표한 자료를 보면, 양고기 1파운드를 소비하면 자동차로 43마일을 운행하는 과정에서 발생한 온실가스 배출량과 맞먹는 온실가스를 배출한다. 유제품 중 치즈는 쇠고기 다음으로 배출량이 많으며, 계란도 채소보다 온실가스 배출량이 많다.

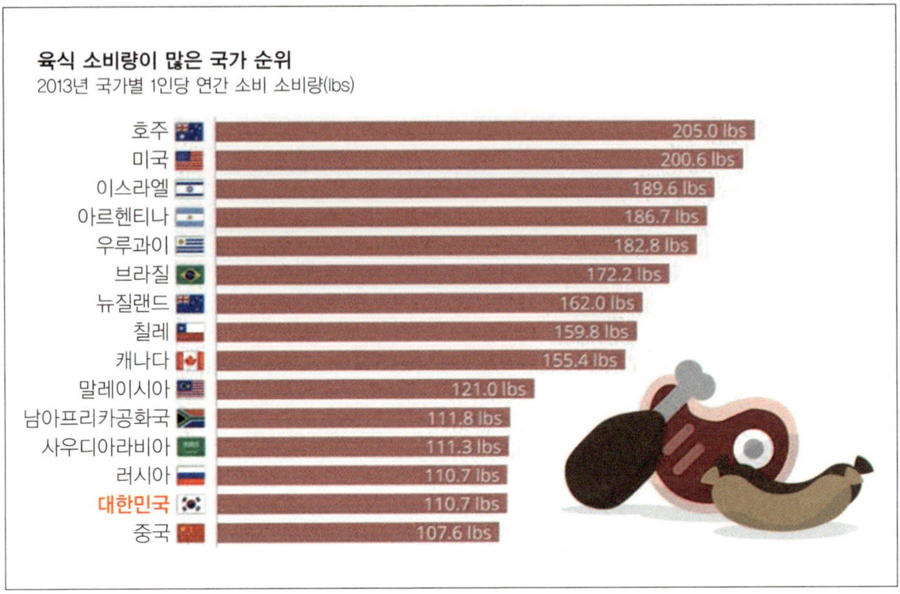

그림 40 국가별 1인당 육식소비량(2013)

[출처] Meat Eater's Guide의 그래프

그림 40은 2013년에 미국 시카고 대학에서 연구한 것으로 국가별 1인당 육식소비량이다. 호주인은 가장 많은 205파운드를 소비하고 다음으로 미국인은 약 200파운드를 소비한다. 만일 미국인 1명이 완전 채식으로 전환할 경우에 미국인 1인이 연간 배출하는 CO_2 배출량의 6%에 달하는 1.5톤의 CO_2를 줄일 수 있다고 발표한 바가 있다. 이처럼 세계인이 2050년까지 육식을 하던 것을 채식으로 전환할 경우, 식품부분의 온실가스 배출량의 60% 정도를 줄일 수 있다. 하지만 완전채식으로 전환하기 힘들기 때문에 세계보건기구(World Health Organization, WHO)는 권장식단을 따르는 것만으로도 식품부문의 온실가스 배출량의 29%를 줄일 수 있다고 한다.

고기함량이 높은 펫푸드가 떠오르는 온실가스 배출원

반려동물을 키우는 펫팸족이 급격하게 늘어나면서 반려동물이 먹는 펫푸드로 인한 온실가스 배출량 증가가 사회적 문제로 떠오르고 있다. 실제로 우리나라의 경우 미등록 반려동물을 포함하면 이미 150만 마리가 넘어서서 3가구 중 1가구는 반려동물을 키운다고 한다.

전 세계적으로 반려동물을 가장 많이 키우는 국가는 미국으로 미국인의 68%가 1억 8천 4백만 마리의 반려동물을 키운다. 펫푸드 시장은 2011년에 586억 달러에서 2017년에 748억 달러로 6년 동안 약 30%가 증가하였다. 영국의 일간지인 가디언(Guardian)지에 따르면, 전 세계적으로 육류를 생산하는데 발생하는 환경영향의 4분의 1은 펫푸드의 산업에서 기인한다고 한다. 특히 미국 UCLA 대학은 흥미로운 연구결과를 발표하였는데, 펫푸드에 포함된 육류 함량이 인간이 먹는 식품에 포함된 육류함량보다 높아 식품 1톤당으로 비교할 때 온실가스 배출량은 펫푸드가 더 높다는 사실이다. 실제로 미국 내에서 펫푸드로 인해 연간 6400만 톤의 온실가스가 발생하는데, 이는 자동차로 1360명이 1년 동안 운행하여 발생시킨 온실가스 발생량과 같다고 한다.

이에 유럽집행위원회(EC)는 유럽펫푸드산업연합회(FEDIAF)와 함께 EC Regulations No 767/2009에 따라 반려견 종류(개, 고양이)별로 하루 영양 섭취량을 만족하는 완전식품량을 기준으로 펫푸드의 온실가스 기준배출량을 제시하고 있다.

표 10 펫푸드 대표 4종에 대한 기준 탄소발자국

	개		고양이	
	습식	건식	습식	건식
탄소발자국 ($kgCO_2$)	1.32	0.38	0.42	0.12

표 10과 같이 기준배출량은 반려동물의 종류에 따라 개와 고양이로 구분하고, 식품의 종류에 따라 건식과 습식으로 구분하여 4개가 발표되었다. 이에 따르면 개의 습식사료는 1일 섭취량 기준으로 1.32kg의 이산화탄소 배출량을 기준치로 설정하고 있다. 이러한 기준이 나오게 된 배경에는 펫푸드로 인한 온실가스 배출량을 기준배출량 이하로 줄이자는 노력의 일환이 있는 것이다.

03>>

저탄소기술이 미래를 이끈다

제품에 대한 $LCCO_2$ 규제가 저탄소기술 개발을 촉진

2015년 12월 파리기후협약 이후 기후변화협약에 서명한 모든 회원국은 온실가스를 줄여야 하는 의무가 있다. 우리나라는 2017년도 기준으로 경제규모면에서 세계 12위이고 온실가스 배출순위는 세계 7위 국가이다. 경제규모에 비해 온실가스 배출 순위가 5계단이나 앞선 것으로 봐서 우리나라의 경제발전 모델이 다른 나라들에 비해 온실가스를 다배출하는 제조업 기반으로 구성되어 있음을 알 수 있다. 온실가스의 규제가 갈수록 거세지고 있는 상황에서 철강과 석유화학 등 중화학공업 위주의 성장모델은 점차 변화해야 한다.

그런데, 최근에 미국과 유럽을 중심으로 자국에서 유통되는 일부 제품의 생산과 사용 과정 등 전 과정에서 발생하는 온실가스 발

표 11 국가별 경제규모 대비 온실가스 배출량 순위 비교

순위(2017년도)	경제규모	온실가스 배출량
1	미국	중국
2	중국	미국
3	일본	인도
4	독일	러시아
5	영국	일본
6	인도	독일
7	프랑스	**대한민국**
8	브라질	캐나다
9	이탈리아	이란
10	캐나다	사우디아라비아
11	러시아	인도네시아
12	**대한민국**	남아프리카공화국

생량(LCCO_2, life cycle CO_2)에 대한 강제규제가 생겨나고 있다. 실제로 미국 캘리포니아 주는 2017년 10월에 청정구매법(Buy Clean Caliafornia Act, AB262)을 발효하고 2019년 1월부터 전기로에서 생산하는 철근과 형강 등 철강제품과 같은 일부 건축자재에 대하여 LCCO_2 정보를 제공토록 요구하고 있다. 2020년부터는 LCCO_2 정보를 제출하지 않는 기업은 캘리포니아 주 정보의 공공입찰에 참여하지 못하게 할 계획이고, 2021년 7월부터는 캘리포니아 주가 제시한 제품별 온실가스 배출량 기준치를 만족하지 못하면 입찰을 막는 조치를 취하

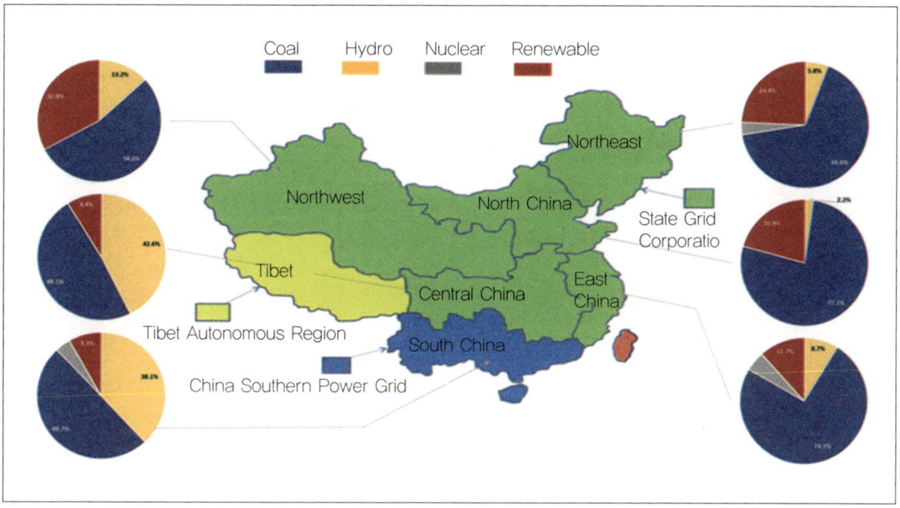

그림 41 중국의 6대 전력그리드별 에너지 믹스 현황(2017)

겠다고 하였다.

이와 같은 미국 캘리포니아 주의 환경규제는 화력발전의 비중이 세계에서 가장 높은 나라 중의 하나인 중국의 전기를 이용하여 생산하는 전기로 철강제품에 대해서는 직격탄이 될 것으로 보인다.

그림 41은 중국의 2017년도 6대 전력 그리드[9]별로 에너지 믹스를 나타낸 것이다. 이에 따르면 중국의 제철소가 집결되어 있는 동부와 북부, 북동부지역은 석탄발전의 비중이 70%를 훨씬 넘고 있어서 전기 1kWh당 탄소배출계수가 1.0kgCO_2로 우리나라 전력 1kWh당 탄소배

9) 전력 그리도(grid): 전력계통이라고 하며, 많은 발전소, 변전소, 송배전선 등이 일체로 되어 발전 및 이용이 이루어지는 시스템이다. 우리나라는 전력계통이 한 개로 되어 있지만 중국은 6개, 미국은 10개로 되어 있다. 즉, 우리나라는 전국의 화력과 수력, 원자력 발전소에서 발전한 후에 송전탑에 보내지면 전국 어디에서도 이를 사용할 수 있는 시스템이다.

출계수인 0.5kgCO_2의 두 배이다. 미국에서 철강사가 위치한 지역의 전기 1kWh당 탄소배출계수가 0.6~0.8kgCO_2인 것으로 봐서 중국은 생산성을 지금보다 두 배 정도 높이던지 아니면 석탄화력발전의 비중을 지금보다 절반수준으로 낮추지 않으면 미국의 철강규제를 대응할 수가 없다.

유럽의회는 2019년 3월 27일에 2030년부터 신차의 생산과 운행, 폐기 등의 전 과정에서 발생하는 $LCCO_2$를 2021년보다 37.5%를 줄이며 신형 밴은 31%를 줄이도록 하는 법안을 통과시켰다. 이 법안에 따라 자동차의 $LCCO_2$ 산정을 위한 방법론을 2023년까지 만들어 발표한다고 하였다. 이 법안이 중요한 이유는 그동안 자동차의 연료 사이클(Fuel cycle)에 따른 연비규제를 활용하여 운행과정에서 온실가스를 줄이도록 하였지만 이제부터는 자동차의 자동차 차체 사이클(Vehicle cycle)에 따라 자동차 제작과정에서부터 차량 운행, 차량폐기 단계까지 사용하는 소재에 대한 온실가스도 관리하겠다는 것이기 때문이다. 즉, 내연기관 자동차 중에서 온실가스 배출을 줄이기 위하여 그간 휘발유 자동차를 경유자동차로 전환한다든지, LPG 자동차로 전환하여 글로벌 규제에 대응했지만 이제는 이런 방식으로는 글로벌 규제를 만족할 수가 없다. 따라서 기존의 내연기관 자동차를 하이브리드 자동차나 전기자동차, 수소자동차와 같은 신개념의 자동차로 전환해야만 규제에 대한 대응이 가능하다는 말이다.

내연기관 자동차를 처음으로 생산한 독일의 벤츠사가 2039년까지 내연기관 자동차의 생산을 전면 중단하고 모든 차종을 전기차와 수소연료전지차로 전환하겠다고 발표한 것은 우연이 아니다. 이는 유럽의

그림 42 자동차의 전 과정 단계로서 Fuel Cycle과 Vehicle Cycle

$LCCO_2$ 규제가 현실화가 되었기 때문이다.

에너지원으로 태양광이나 풍력 등 신재생에너지를 사용하는 것은 온실가스를 줄이는 대표적인 방법이다. 전 세계가 온실가스 감축을 위해 혈안이 된 상태에서 모든 국가는 앞 다투어 자국의 재생에너지 발전비율을 높이는 정책을 시행하고 있다. 이에 따라 재생에너지 설비에 대한 시장이 갈수록 커지고 있다. 특히 이 분야에 대한 활발한 연구개발로 전 세계가 재생에너지 설비의 성능이 동등수준으로 발전하면서 단순 가격경쟁력이 수출경쟁력으로 작용하고 있어서 프랑스는 2017년부터 100kW 이상의 정부조달 태양광 설비에 대한 입찰과정에서 해당 설비의 전 과정에서 온실가스 배출량인 $LCCO_2$를 산정하여 등급이 우수한 제품을 우선적으로 구매하는 정책을 시행하고 있다.

이 정책을 시행한 이유는 다음과 같다. 국제에너지기구(IEA)에 따르면, 태양광발전(Photo-Voltaic, PV) 설비를 생산하고 운영하는 과정에서 발생한 LCCO_2가 PV설비를 30년 동안 가동하여 생산한 전력량으로 나눈 전기 1kWh당 온실가스 배출량이 30~37gCO_2가 발생하는데 에너지 전환효율이나 웨이퍼 두께, 자원사용 등의 기술개발에 따라 30~40%의 온실가스를 줄일 수 있다. 이에 따라 기술개발 수준을 반영하여 PV시스템에 대한 온실가스 배출기준치를 제시함으로써 기술개발을 앞당길 수 있다는 것이다.

프랑스 제도를 벤치마킹하여 우리나라에서도 2020년부터 국내에서 소비되는 재생에너지 설비에 대한 탄소인증제를 시행한다. 탄소인증을 통해 등급이 우수한 설비에 대해서는 재생에너지 공급인증서(REC) 가중치를 차등 부여하는 방안을 제시하였다. 이 정책은 그간 저가의 중국산 재생에너지 설비가 국내 시장을 잠식한다는 우려 속에 나온 것이어서 중국산의 국내 유입을 막는 효과가 있을 수 있지만 중국에 재생에너지 설비생산 공장을 가지고 있는 한국 기업이 국내로 제품을 수출하는데 타격이 될 수도 있다.

이처럼 국제적으로 제품에 대한 LCCO_2 규제가 강화되면서 저탄소 소재개발과 저탄소 물류, 저탄소 에너지기술, 공유경제를 통한 효율 개선으로 에너지소비를 최소화한 기술의 발전이 급속도로 이뤄질 것으로 보인다. 이런 규제는 우리 사회를 발전시키는 것이기 때문에 좋은 규제이다.

무균충전기술 도입에 따른 용기 경량화

우리가 마시는 음료의 용기는 재질별로 유리병과 금속캔, 종이팩, PET팩 등 4가지가 있다. 그런데, 탄산음료를 제외한 혼합곡물차 및 밀크커피 등 단백질 성분을 포함한 음료는 유통과정에서 변질되기 쉽기 때문에 이를 방지하기 위하여 원액의 배합과정에서 130℃ 이상의 고온 살균을 한 후에 용기에 충진하는 과정에서 이물질이 들어가지 않도록 하기 위하여 충전온도를 끓는점과 거의 비슷한 약 90℃ 이상으로 주입한다. PET 용기의 두께는 약 90℃의 원액을 용기에 고압으로 주입하는 과정에서 PET 용기가 온도에 의해 변형되지 않을 최소의 두께로 설계되어 있다. 그래서 우리들이 마시는 탄산음료와 생수를 제외한 대부분 음료의 PET 용기는 두꺼웠다.

하지만 최근에 공장 내부의 공조설비[10]를 보강한 후에 원액을 배합하고 원액의 주입과정에서 세균이 침투하지 못하도록 무균시스템을 도입함으로써 주입과정에서 이물질로 인한 오염을 최소화할 수 있었다. 이를 아셉틱(Aseptic) 공법, 즉 무균충전시스템이라고 한다. 그림 43은 PET 용기의 무균충전시스템이다. 이 시스템을 도입함에 따라 살균과정에서는 130℃ 이상의 고온으로 살균을 하지만 기존보다 살균시간을 단축시키고, 용기에 원액을 주입하는 온도를 약 30℃ 정도 낮춤으로써 주입 과정에서 고온고압으로 주입하는 원액으로 인한 용기

10) 공조설비란 공기를 깨끗하게 정화하고 일정한 온도와 습도로 조절하여 실내에 공급하는 시설(출처: DAUM 사전)

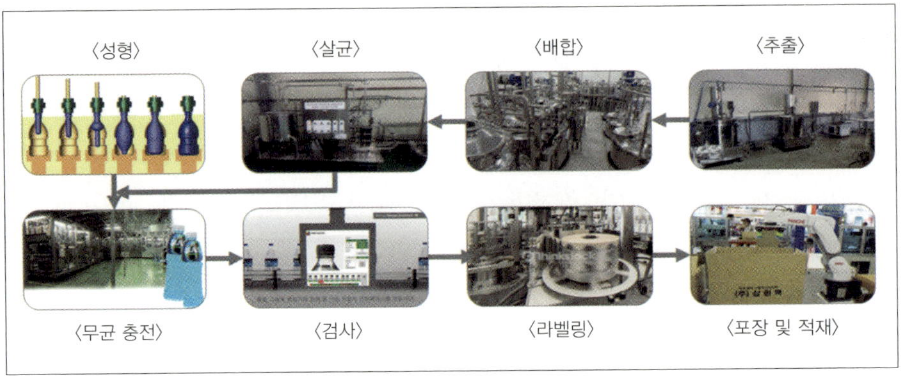

그림 43 PET 용기에 음료의 무균충전 공정
[출처] 삼양패키징(samyangpackaging.co.kr)의 아셉틱(Aseptic) 공정에 대한 자료를 인용

의 변형을 방지할 수 있다. 이렇게 함으로써 용기의 두께가 기존보다 대폭 얇아져서 용기의 무게가 약 10% 정도 경량화 되었다. 이것은 제조과정에서 온실가스 배출을 26% 줄이고, 23%의 에너지를 절감할 수 있는 대표적인 저탄소 기술이다.

식품포장의 인쇄도수를 낮춘 대신 세련된 포장설계로 녹색소비 유도

기업은 시장에서 소비자가 자사 제품을 많이 구매하도록 하기 위하여 제품을 싸고 있는 포장지에 대한 인쇄를 갈수록 화려하게 하고 있다. 포장지의 인쇄가 화려해진다는 것은 잉크색깔의 종류가 늘어나고 있다는 것을 의미한다. 실제로 최근 시장에 출시되는 식품의 포장지에 대한 인쇄도수는 평균 8도와 9도이다. 여기서 8도 인쇄란 8가지

표 12 라면포장 인쇄도수별 온실가스 감축량

인쇄도수	단위면적당 온실가스 감축량		라면포장 총면적(㎡)	단위면적당 온실가스 감축량	
	단위	감축량		단위	감축량
8도 → 6도	$kgCO_2e/㎡$	0.064	295,898,400	$tonCO_2e$	18,750
8도 → 4도	$kgCO_2e/㎡$	0.130		$tonCO_2e$	38,000

[출처] Ik Kim(Global Journal of Science Frontier Research, 2019)

색깔을 인쇄하기 위하여 인쇄기를 8번 통과해야 한다는 의미이다. 이처럼 포장지 인쇄가 화려해지면서 인쇄기 가동에 따른 에너지 소비도 지속적으로 증가하고 있다. 우리 사회에서 환경문제에 대한 관심이 증가하면서 에코패키징(eco-packaging)의 중요성도 커지고 있는데, 인쇄도수를 낮추는 것도 에코패키징의 한 분야이다.

국내 식품회사인 오리온은 에코패키징 정책의 일환으로 초코파이 등 22개 제품을 대상으로 '착한포장 프로젝트'를 수행하였다. 실제로 포장지의 인쇄도수는 낮추되, 인쇄도수를 낮춤에 따른 포장재의 화려함이 떨어지는 문제를 보완하기 위하여 포장지 디자인을 세련되게 하여 소비자의 구매를 유도하는 방식으로 전환하였다. 이로 인해 246종에 달한 잉크가 178종으로 줄어들어 연간 잉크 소비를 88톤 절감하는데 성공하였으며, 이로 인해 화학용제의 소비를 20% 이하로 낮추고, 장기적으로는 사용하지 않는 방향으로 추진하고 있다. 잉크소비 감소에 따른 제조원가를 낮추었고 잉크의 유해성분 배출을 줄였으며, 제조과정의 에너지 소비를 줄여 온실가스 감축에 기여하였다. 실제로 필자가 발표한 논문에 따르면 8도 인쇄를 6도로 낮춤으로써 포장지 1㎡당 약 3%의 온실가스 배출량이 줄어들고, 8도 인쇄를 4도로 낮춤으로써 약 6%의 온실가스의 감축효과가 있다. 이를 2015년에 우리나라에서 소비된 39억 개 라면의 포장지에 잉크인쇄 횟수를 8도에서 4도로 낮춘다고 가정하면 온실가스 감축효과는 약 3만 8천톤이 된다. 이처럼 우리가 먹는 식품 포장지의 인쇄도수를 낮추는 것도 탄소발자국을 줄일 수 있는 중요한 저탄소 기술이다.

세탁방식의 변경만으로 전력소비 및 세탁시간 감축

세탁기의 세탁원리는 세탁통이 움직임에 따라 세탁통에 있는 빨래할 옷이 세탁봉과 부딪혀 때를 떼어내는 방식이다. 기존의 세탁방식은 세탁봉이 한 방향으로만 움직여 빨래할 옷에 붙은 오염물과의 접촉횟수가 높지 않았지만 최근에는 세탁봉이 여러 방향으로 움직이고 세탁방식도 두드리거나 주무르거나 비비거나 풀어주거나 흔들거나 짜주는 등의 방식을 도입하여 접촉횟수를 늘려 오염물이 더 쉽게 떨어지게 하는 방식이다.

위와 같이 세탁방식을 전환함으로써 세탁할 때 온수의 온도를 낮출 수 있어서 온수가열에 따른 전력소비를 최대 26%까지 낮추었다. 실제로 온수는 때를 불려서 세탁봉과 접촉과정에서 쉽게 떨어지도록 하는 역할을 한다. 하지만 세탁방식이 전환됨으로써 온수 온도를 낮추어도 동일한 세탁효과를 낼 수 있기 때문에 온수 온도를 낮출 수 있었다.

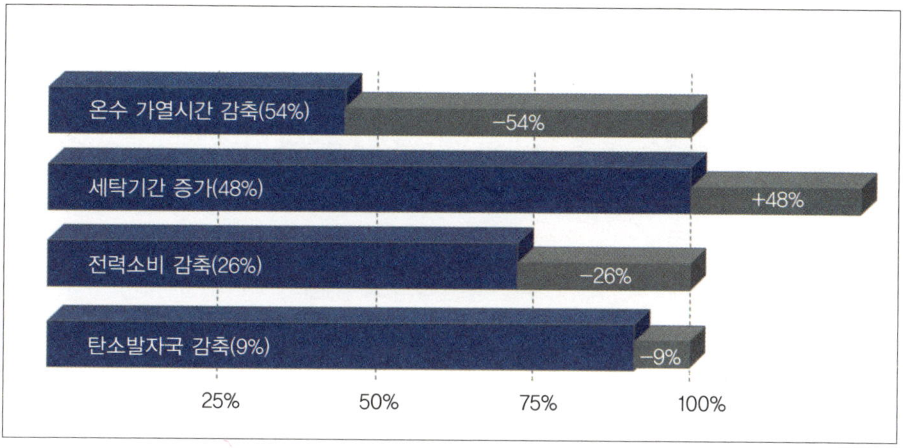

그림 44 세탁방식 변경에 따른 전력 및 온실가스 감축효과

[출처] 환경부 저탄소제품 인증 보고서를 인용

세탁방식을 전환함으로써 세탁시간은 48%가 늘어난 반면에 물의 가열 시간을 최대 54%까지 단축시켜 전반적으로 세탁시간을 줄여 세탁 성능을 개선하였다. 이 기술은 공정효율 개선에 따른 온실가스 감축 기술이 아니라 세탁기의 세탁방식 변경만으로 온실가스를 최대 9.0%까지 줄일 수 있는 저탄소 기술이다.

석유계 소재를 식물계 소재로 대체

합성세제는 수산화나트륨이나 계면활성제, 유기 용매 등을 주원료로 어떤 물질을 세척하는 용도로 사용되는 화학물질이다. 시중에서 판매되는 합성세제에 대한 온실가스 배출량을 보면 세제성분을 제조

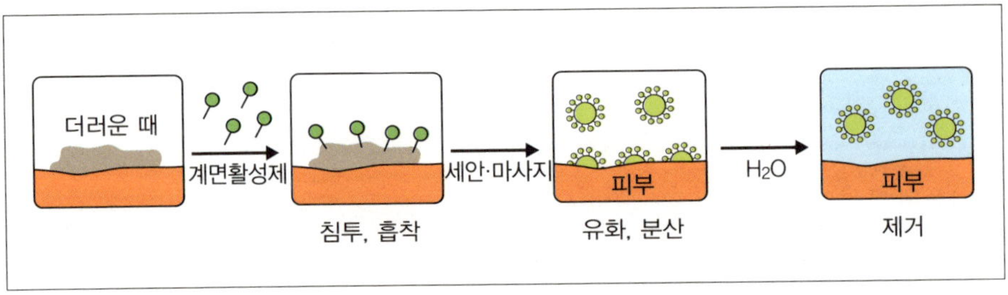

그림 45 **계면활성제의 세정원리**

하는데 전체의 82%가 발생되고, 포장재 제조에 5%, 세제 배합과정에서 10%, 포장재 폐기과정에서 3%가 발생된다. 즉, 세제의 $LCCO_2$ 중에서 세제성분의 제조과정에서 발생한 온실가스 배출량이 가장 크다. 일반적으로 세제성분은 AOS(Alpha Olefin Sulfonate)와 같은 석유계 음이온 계면활성제와 식물계 계면활성제가 있다. 지금까지는 주로 AOS 성분에 의한 석유계 계면활성제가 사용되었지만 이를 식물계로 전환함으로써 4%의 온실가스 배출량을 줄일 수 있다.

2015년에 한국환경공학회지 발표한 논문[11]에 따르면 주방세제 성분 중에서 온실가스 배출량이 큰 석유계 계면활성제를 12.2% 줄이고, 식물계 계면활성제를 5.4%를 늘려 주방세제 1개당 9.4%의 온실가스를 줄일 수 있다. 한편, 최근에는 석유계 계면활성제가 아닌 사탕수수나 올리브유에서 계면활성제 성분을 추출한 천연세제가 등장하고 있고, 시장점유율도 차츰 증가하고 있는 추세이다.

11) 친환경 설계로 제조된 주방세제의 탄소배출량 감축 효과(김종석 등, 2015)

Chapter 04

수자원 고갈과 물발자국

01>>

물발자국이란 무엇인가?

우리나라는 물 부족 국가?

탄소는 생활의 문제이지만 물은 생명의 문제라는 말이 있다. 온실가스를 적게 배출하면 인간생활이 그만큼 불편할 수 있지만 물이 없으면 생명이 위태롭다는 말이다. 지구상의 수자원 분포는 97.5%가 해수이고, 나머지 2.5%에 해당하는 3천5백만 ㎦이 담수[12)]이다. 그런데 실제로 담수 중에 인간이 이용할 수 있는 물은 불과 0.7%이다. 따라서 지금처럼 물을 소비한다면 금세기 내에 심각한 물 부족 사태에 직면할 수 있다.

UN 산하의 국제인구행동연구소(Population Action International, PAI)는 우리나라를 OECD 국가 중에서 유일하게 '심각한 물 스트레스

---

12) 담수(freshwater): 염수(바닷물)에 대응하여 약간의 염분을 함유하는 육수(陸水)를 말한다.

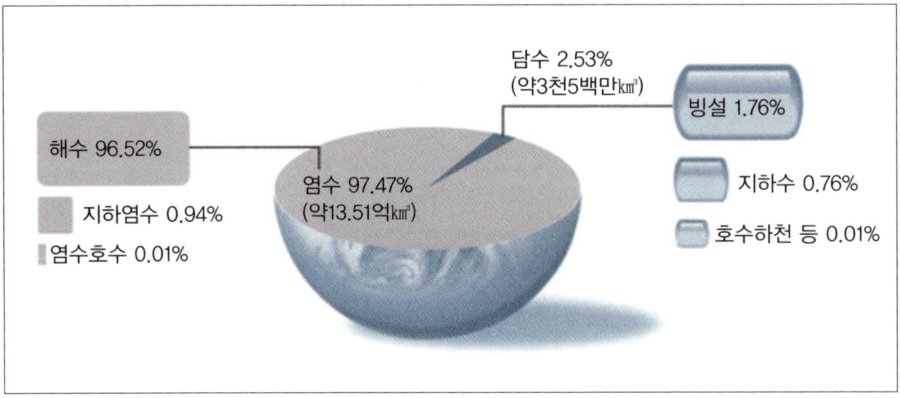

그림 46 지구상에 가용한 담수량 분포

[출처] 국토교통부(물과 미래), 2013

국가'에 분류된다고 발표하였다. 또한 영국의 생태환경 및 수문학센터(Centre for Ecology & Hydrology, CEH)는 세계 각국의 물 빈곤지수(Water Poverty Index, WPI)를 발표한 바 있는데, 이에 따르면 세계 147개국 중에서 우리나라는 43위를 차지하였고, 이는 OECD 29개 회원국 중에서 20위로 최하위 수준이다. 국토교통부는 향후 100년간 극심한 가뭄이 과거보다 두 배가 더 발생할 수 있으며, 가뭄의 지속시간은 6배가 증가할 것이라고 전망했다. 우리 국민은 우리나라가 물이 풍족하다고 느끼고 있겠지만 국제사회는 우리나라를 물 부족 국가라고 인식하고 있다.

실제로 우리나라의 연평균 강수량은 1,274㎜로 세계 평균의 1.6배이지만 1인당 연간 수자원량은 2660㎥로 세계 평균의 6분의 1에 불과하다. 그 원인은 우리나라의 인구밀도가 높기 때문이다. 그림 47은 기상청에서 제공한 우리나라의 연도별 강수량에 대한 그래프이다. 그림

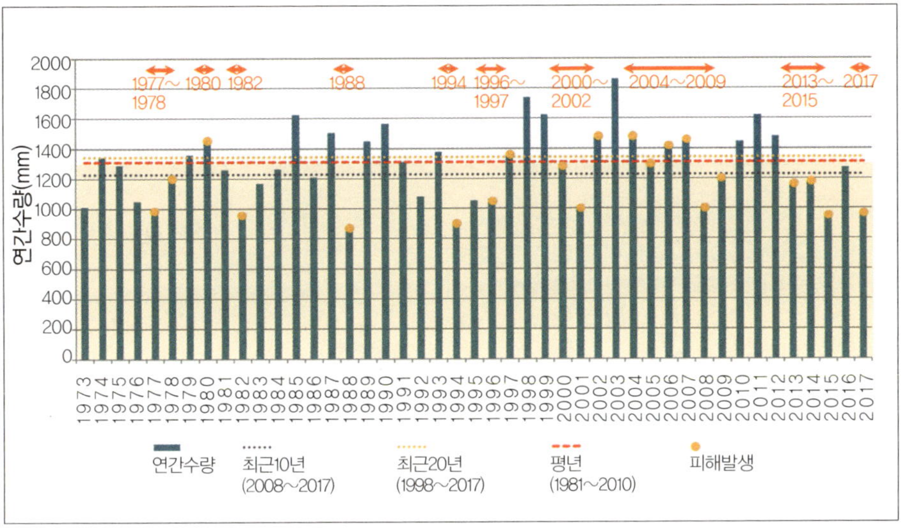

그림 47 우리나라 연도별 강수량

[출처] 기상청 "수문기상 가뭄정보 시스템"

에서 볼 수 있듯이 가뭄피해가 나타난 연도를 보면 1973년부터 2000년도까지 28년 동안 총 9차례이지만 2000년도 이후 2017년까지는 불과 17년 사이에 12차례이다. 즉, 2003년과 2010년 2011년 2012년 2016년을 제외하고 매년 전국단위의 크고 작은 가뭄피해가 있었다는 것을 보여주며, 이는 2000년도 이후 기후변화에 따른 가뭄빈도가 매우 빨라지고 있다는 것을 이야기해 준다.

국제사회의 물 분쟁 및 물 부족 사례

전 세계는 강을 중심으로 심각한 물 분쟁이 일어나고 있다. 실제로

그림 48 세계 주요 물분쟁 지역

[출처] 경향신문 "물은 다음 세기 석유" ... 강 연안 국가들 '목 타는 싸움' (2018.07.02)

터키와 이집트는 티그리스 강을 사이에 두고 분쟁에 휘말려 있으며, 이집트와 에티오피아는 나일강을 사이에 두고 분쟁 중이다. 인도와 네팔, 중국, 방글라데시는 갠지스강을 경계로, 미얀마와 캄보디아, 중국, 라오스, 태국, 베트남은 메콩강의 수자원을 놓고 20세기 내내 서로 다투고 있다. 이처럼 세계 각국은 국경을 흐르는 강을 사이에 두고 물 분쟁이 끊이지 않고 있는데, 그 이유는 물 문제는 생명과 직결되는 문제이기 때문이다.

부트로스 갈리 전 UN 사무총장은 다음에 중동에서 벌어질 전쟁은 석유가 아닌 물을 둘러싸고 벌어질 것이라고 경고한 바 있다. 2008년 골드만삭스는 다음 세기의 석유는 물이 될 것이라고 전망했다. 실제로 경제협력개발기구(OECD)는 2050년이 되면 전 세계의 물 수요가 2000년 대비 55%가 증가할 것이라고 했는데, 그 이유는 지구상에 존재하는 담수의 약 70%가 농업용수인데, 늘어나는 세계 인구를 먹여 살리기 위하여 필요한 식량이 현재보다 약 70%가 늘어나므로 이에 비례하여 농업용수의 필요수량도 증가할 것이기 때문이다. 또한 늘어나는 전력소비를 위해 발전소 가동이 늘어나고 이에 따른 냉각수 소비도 약 20%가 늘어날 것이라고 전망했다.

미국항공우주국(NASA)은 2015년에 지구상에 존재하는 37개의 지하수를 보관하고 있는 대수층 중에서 21곳의 수위가 임계치보다 낮아져서 갈수록 전 세계는 물 부족에 시달릴 것으로 예측하였다. 실제로 지하수 감소속도는 매년 증가하는데, 그 이유는 줄어드는 지표수량을 보충하기 위하여 지하수의 취수량이 계속 증가하는데 그 양이 지하수의 보충량을 능가하기 때문이다.

영국 BBC의 보도에 따르면 전 세계에서 약 10억명 정도가 식수를 구하는데 어려움을 겪고 있으며, 세계 인구의 3분의 1은 연중 최소 1개월 동안은 물을 소비하는데 어려움을 느끼고 있다고 한다. 또한 UN은 2030년이 되면 기후변화와 인구증가로 인해 물의 수요량이 공급량보다 40%를 초과하여 심각한 수준에 이를 것이라고 예측했다.

BBC는 2018년에 물부족 사태를 겪고 있는 세계 10대 도시를 발표하였다. 먼저, 브라질 상파울로는 2015년 당시에 물 저장량이 4% 미만으로 떨어져 1천만 명이 물을 얻기 위해 줄을 서야 했다. 인도의 IT 도시라 불리는 뱅갈로르 지역은 급격한 산업발전에 비해 낡은 수도 배관으로 인해 물 상당량이 낭비되고 있고, 호수의 85%가 농업용수와 공업용수로 사용되어 식수로 사용하는 데는 한계가 있다. 중국 베이징은 이보다 심각하다. 세계 인구의 약 20%가 중국에 살지만 중국의 담수량은 전 세계 수자원의 7% 미만으로 만성 수자원 부족을 겪고 있다. 실제로 세계은행에 따르면 한 사람이 연간 사용할 수 있는 용수량이 1,000㎥ 미만일 경우 물 부족이라고 말하는데, 중국 베이징은 2014년 기준으로 인구 2000만 명의 평균 물 사용량이 145㎥의 수준으로 심각한 물 부족 상황이다. 더 심각한 것은 심각한 환경오염으로 인해 지표수의 40%가 오염되어 농업용수 및 공업용수로도 사용할 수 없는 지경이라는 점이다. 멕시코의 멕시코시티는 2100만 명이 살고 있는 대도시로 인구의 5분의 1이 일주일에 단 몇 시간만 수도를 사용할 수 있고, 또 다른 400만 명은 하루에 정해진 시간에만 수도를 사용할 수 있을 정도로 심각한 물 부족에 시달리고 있다.

우리나라의 수자원 피해

우리나라도 최근에 와서 지역별 그리고 계절별로 강수량의 편차가 커지면서 상습가뭄지역이 발생하고 이들 지역의 피해가 확대되는 분위기이다. 실제로 지형적 특성으로 충남 서부와 경기 남부, 전라도 지방이 상습가뭄지역이다. 1973년 기상관측 이례로 44년 만인 2017년도 상반기의 전국 누적 강수량은 기록이 작성된 이래로 가장 적은

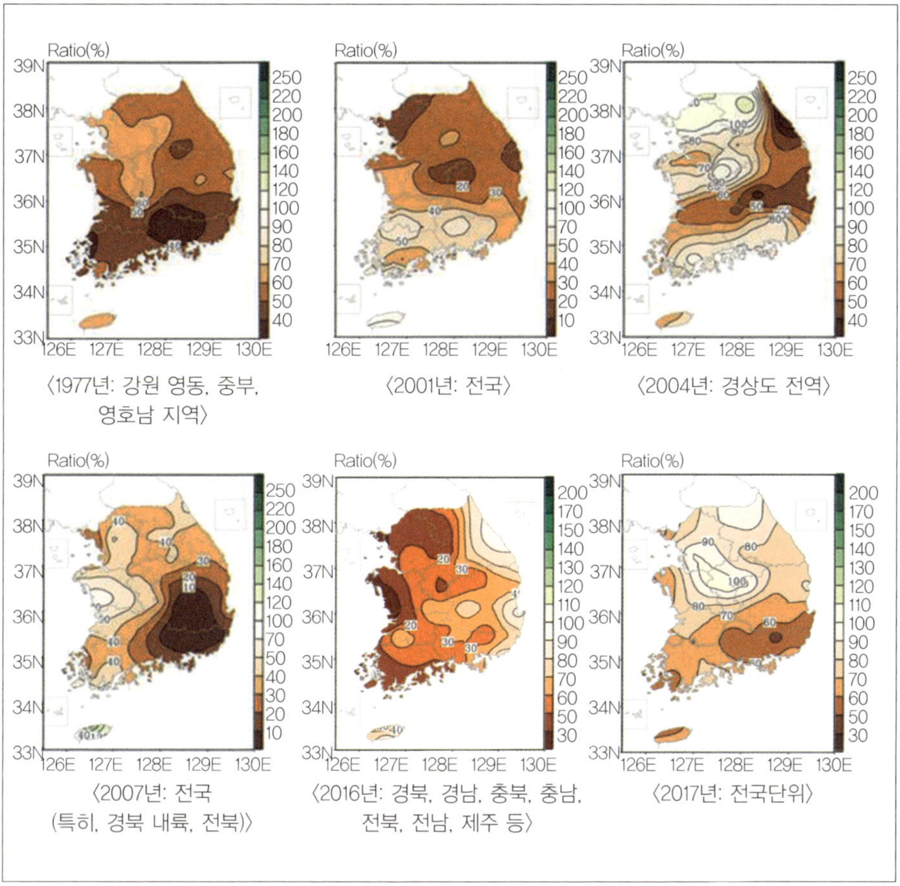

그림 49 우리나라 국지적 또는 전국단위 가뭄년도 강수량 분포도

[출처] 기상청 "수문기상 가뭄정보 시스템"

186.7㎜를 기록하였다. 이는 최근 30년간의 평균치인 362.1㎜의 절반수준이다. 특히, 2017년에 경기도 안성지역은 200년 빈도의 극심한 가뭄이 발생하였다. 그림 49는 기상청 수문기상 가뭄정보 시스템에서 제공한 연도별 전국단위 강수량 분포도 중에서 전국단위 또는 국지적으로 강수량이 매우 적어 심각한 가뭄이 있던 시기의 지도를 발췌

한 것이다. 이에 따르면 2000년 이전에는 1977년에 강원과 영동, 중부, 영 · 호남지역에서 심각한 가뭄이 있었지만 대부분의 가뭄사례는 2000년도 이후에 발생하였다. 2001년도에는 전국단위의 가뭄이 있었으며, 특히 서울 · 경기와 강원도 지역의 피해가 컸다. 2004년에는 경상도 일대의 가뭄이 심각했고, 2007년에는 전국단위의 가뭄이 있었지만 경북내륙과 전북지역의 피해가 가장 컸다. 2016년에도 전국단위의 가뭄이 있었는데 충남과 전남, 경기일대가 극심했으며, 2017년도에는 2016년 보다는 가뭄피해가 심각하지는 않았지만, 전남과 경상도 해안가 일대와 충청 서해안 일대의 피해가 크게 나타났다.

물 부족 해결을 위해 물 공급관리에서 수요관리로 전환

인구증가에 따라 농업용수와 생활용수, 공업용수의 소비량이 증가하고 있다. 이에 따른 물 공급량 부족은 댐 건설 등 새로운 용수원의 개발로 보충할 수 있으나, 더 이상 신규 댐의 건설은 어려운 상황이다. 즉, 인구증가와 삶의 질이 높아지고 산업규모가 커지면서 물의 부족분은 갈수록 늘어날 것이고 공급량은 한계가 있기 때문에 지금까지의 공급위주의 수자원관리 정책을 이제는 수요중심의 물 관리 정책으로 전환해야 한다. 따라서, 수요자의 측면에서 필요한 수량과 절감할 수 있는 수량을 파악하여 실제 필요수량을 파악함으로써 물 관리를 효율적으로 해야 한다.

미국 환경청(US EPA)의 파트너십 프로그램인 'Water Sense'에서는

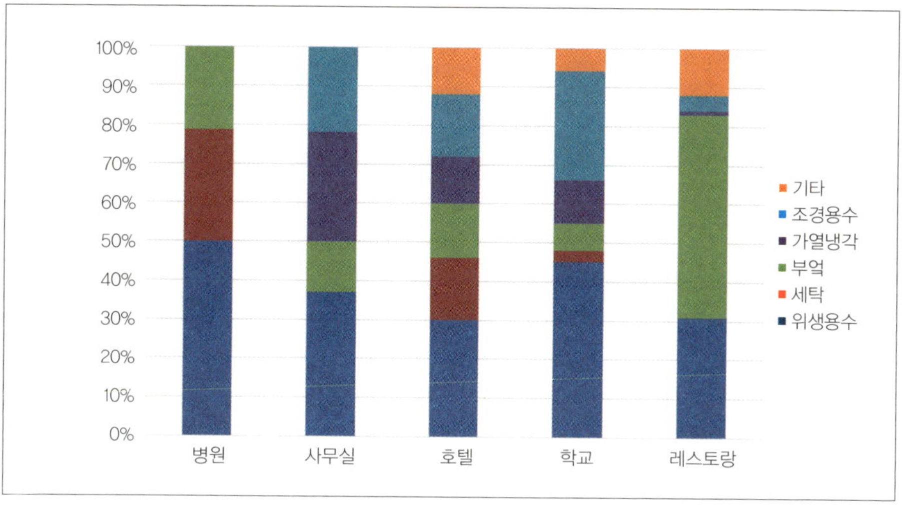

그림 50 시설별로 용수의 용도별 소비 추이

[출처] US EPA "Water Sense" (2012)

2012년에 병원과 사무실, 호텔, 학교, 레스토랑에서 사용한 용수의 용도별로 비율을 조사한 결과를 발표하였는데, 위생용수가 35.6%로 가장 많았고, 다음으로 부엌에서 소비한 용수가 20.2%이며, 조경용수가 17.5%, 보일러의 가열용수가 13%, 세탁용수가 9.8%이었다. 레스토랑을 제외한 시설에서 위생용수의 소비가 가장 컸는데, 시설의 용도별로 두 번째 용도는 달랐다. 예를 들면 병원과 호텔은 세탁용수가 두 번째이었고 사무실에서는 가열용수가, 학교에서는 조경용수가 두 번째이었다. 이와 같이 시설별로 물의 용도가 서로 다르기 때문에 절감할 수 있는 방안도 다를 수 있다. 따라서 수자원의 감축은 물을 공급하는 정수장이 아니라 물을 소비하는 시설의 입장에서 관리하는 것이 효과적이다.

녹색수와 청색수, 회색수를 이해하라

사람들이 산과 바다에 대한 그림을 그린다면 누구나 산은 초록색으로 색칠하고 바다는 파란색으로 칠한다. 바다를 파란색으로 그린 이유는 우리 눈에 보이는 물의 색깔이 파란색이기 때문이다. 이처럼 우리 눈에 청색으로 보인 물을 청색수(blue water)라고 부른다. 그렇다면 물은 청색수만 있는가? 인체에서 수분이 차지하는 비율은 사람에 따라 다르지만 약 50~70%라고 한다. 나무는 어떠한가? 활엽수 생나무를 기준으로 수분함량은 겨울에 약 44%이고, 봄에는 41%, 여름에는 38%, 가을에는 45%이며, 평균이 42%라고 한다. 즉, 우리나라 국토의 70%를 차지하는 산지를 덮고 있는 나무에서 약 42%가 수분이다. 그리고 산속의 흙은 다량의 물을 머금고 있다. 이런 물은 우리 눈에는 보이지 않지만 실제로 존재하는 물이며, 식물의 생장을 위해 반드시 필요하다. 이런 물을 일반적인 식물의 색인 초록색을 의미하는 녹색수(green water)라고 한다.

공장에서 버려지는 공장폐수와 가정에서 버려지는 생활하수도 엄밀히 말해서 물이다. 우리는 공장폐수와 생활하수를 정화하여 하천으로 방류한다. 하지만 우리는 이 물을 사용할 수 없다. 자연으로 버려진 물이 다시 우리가 사용할 수 있는 상수(freshwater)로 돌아오기 위해서는 많은 청색수의 일종인 하천수에 의해 희석되어야 한다. 이렇게 희석하지 않으면 상수로 돌아올 수 없다. 이처럼 버려진 공장폐수와 생활하수의 일반적인 색이 회색을 띠고 있기 때문에 회색수(grey water)라고 한다. 폐수나 하수의 색이 회색에 가깝다고 해서 회색수

표 13 생활하수의 오염도 및 정화에 필요한 물량

식품명	오염도 BOD(mg/l)	오염물 배출량 (ml)	물고기 생존가능 희석수량(ℓ)	팔당호 수준 희석수량(ℓ)
위스키	305,000	50ml	3,000	7,500
소주	243,000	50ml	2,400	6,000
커피	72,000	150ml	1,800	4,500
요구르트	99,000	50ml	900	2,250
된장찌개	23,000	150ml	750	1,875
우유	100,000	150ml	3,000	7,500
간장	105,000	50ml	1,050	2,625
식용유	140,000	50ml	1,500	3,750
샐러드유	150,000	50ml	1,500	3,750

[출처] 환경부 (깨끗한 내일을 위한 환경퀴즈 모음집)

라는 용어를 사용하는데, 엄밀히 말해서 회색수는 버려진 하수 또는 폐수가 아니라 이를 상수로 돌아오도록 하는데 필요한 희석수량을 의미한다.

표 13은 가정에서 방류하는 생활하수 중에서 식품 종류별로 물고기가 생존할 수 있는 수질로 희석하는데 필요한 물량과 팔당호 수준으로 희석하는데 필요한 물량을 열거하였다. 이에 따르면 위스키 50ml 한 잔을 버리면 팔당호 수준으로 희석하는데 1리터 생수병 7500개가 필요하고 우유 150ml 한 컵을 버리면 팔당호 수준으로 희석하는데 7500리터가 필요하다.

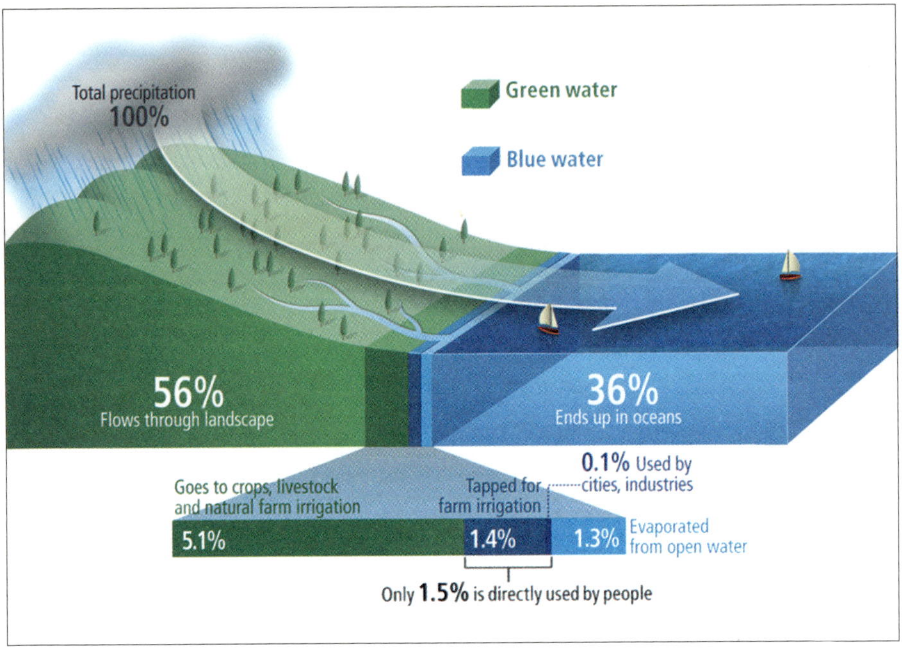

그림 51 **빗물의 흐름경로**

[출처] Running out of water (Scientific American, 2008)

녹색수와 청색수를 보다 쉽게 이해할 수 있는 그림이 있다. 그림 51은 2008년에 미국의 Scientific American에서 발표한 것인데, 모든 물의 근원인 빗물을 100%라고 할 때, 이 중 56%를 산림이 흡수하고 36%는 바다로 흘러간다. 그리고 5.1%는 인간이 운영하는 농장이나 경작지에 사용되며, 1.3%는 댐이나 저수지에 저장된 물 중에서 증발량이다. 하지만 이들은 인간이 직접적으로 통제할 수 있는 물이 아니다. 인간에 의해 사용되는 물은 농업용 관개용수로 사용되는 1.4%와 공업용수와 생활용수로 사용되는 0.1%이다. 즉, 빗물 100% 중에 불과 1.5%만이 인간에 의해 관리되고 소비되는 물이다.

이처럼 모든 물의 근원은 빗물이다. 빗물의 흐름을 보면 다음과 같다. 하늘에서 비가 내리면 맨 처음 산림이나 토양에 충분히 스며들고 남은 물이 하천을 따라 흘러 일부는 지하와 지표에 저장되고, 나머지는 바다로 흘러간다. 그런데, 산업화로 인한 난개발로 산림지역이 줄어들고 도로포장으로 녹색수가 나무나 땅으로 충분히 스며들지 못하여 빗물이 지하와 지표에 충분히 스며들지 못하고 하천을 따라 바다로 흘러가 버리면 우리가 사용할 수 있는 청색수가 부족해진다. 이는 자연스레 수자원 고갈문제로 이어진다.

수량과 수질의 통합관리가 필요

녹색수와 청색수는 모두 상수(freshwater)이다. 그런데, 공장폐수와 가정하수는 엄밀히 말해서 상수는 아니다. 하지만 공장폐수와 가정하수를 용수로 사용하기 위해 투입한 희석수량으로 표현된 회색수도 상수이다.

즉, 녹색수와 청색수, 회색수는 모두 상수이다. 그런데 물의 효과적인 수요관리를 위해서 녹색수는 인간이 통제할 수 없지만, 청색수인 생활용수와 공업용수는 사용과정에서 절수기를 사용하는 등 효과적인 절수관리를 통해 물 소비량을 줄일 수 있다. 반면에 회색수는 버려지는 폐수와 하수의 농도를 낮추면 회색수량을 줄일 수 있다.

즉, 청색수와 회색수를 줄이는 방안은 인간의 노력에 의해 얼마든지 가능하다. 그런데, 지금까지는 청색수와 같은 상수관리는 수량측면에서, 폐수와 하수처리는 수질의 입장에서 별도로 관리해 왔지만 청색

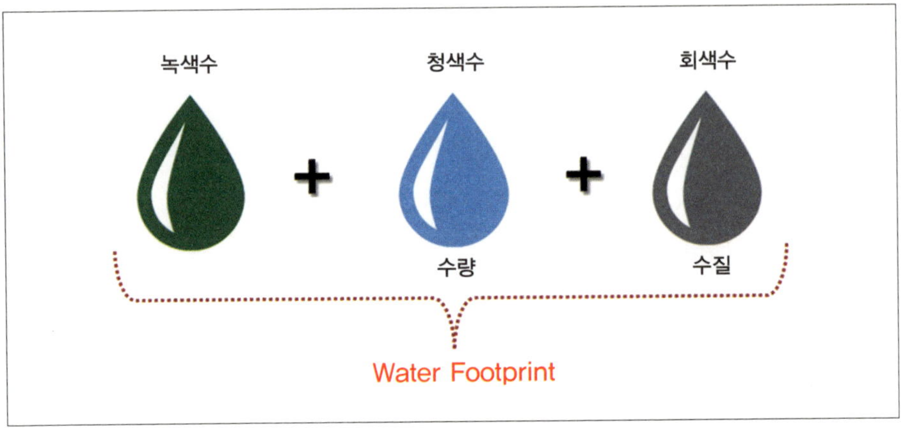

그림 52 녹색수, 청색수, 회색수와 물발자국 관계

수와 회색수의 개념을 통합한 물발자국의 입장에서 관리한다면 수량과 수질을 통합 관리할 수 있다. UN 유네스코 산하의 물발자국네트워크(Water Footprint Network, WFN)은 녹색수와 청색수, 회색수의 합을 물발자국이라고 정의한다.

상수와 지하수는 동일한 물이 아니다

우리가 돈을 흥청망청 쓰면 이를 '물 쓰듯이 한다.'라고 한다. 그 만큼 물이 값어치가 없다는 것을 말하는 것이다. 우리는 물이 고갈된다는 생각을 하지 못한다. 화장실의 세면대나 부엌의 개수대에서 수도꼭지를 열면 언제나 물이 콸콸 흘러나오기 때문이다. 이렇게 소비되는 물은 우리 눈에 푸른색으로 보이는 청색수이다.

청색수는 물을 취수하는 지역에 따라 지표수, 지하수, 화석수, 기수, 해수로 구분한다. 다시 지표수는 댐과 저수지에 저장된 물인 저장수와 하천을 따라 흘러내리는 유수로 구분한다. 지하수는 빗물이 땅에 떨어져 대수층에 흡수된 물로 수질 특성에 따라 약수, 샘물, 광천수, 암반수 등으로 불린다. 우리가 마트에서 구매하는 생수는 주로 암반수로 만든다. 암반수는 암반층을 통과하는데 보통 50년 이상이 걸리기 때문에 우리가 섭취하는 생수는 50년 이전에 생성된 물이다. 화석수란 지층이 생길 때 지층 속에 들어가서 그대로 남아 있는 물로 물이 생성되는 시기가 수 백 년에서 수 만 년 전까지 올라가며, 보충되지 않기에 사용하면 고갈되는 물이다. 사막지역에서 새로운 지하수가 발견되었다고 하면 그것은 화석수일 가능성이 크다.

그런데, 우리 주위의 하천을 보면 과거에는 꽤 많은 양의 물이 흘렀으나 지금은 거의 말라있는 것을 볼 수 있다. 봄 가뭄에 농사를 지어야 할 들판에 저수지가 말라서 물을 댈 수 없다는 뉴스가 매년 봄에 전해진다. 이런 것만 보더라도 우리 주위의 물은 항상 있는 것이 아니라 언제든지 고갈될 수 있는 것이다. 하천수가 말라가는 이유는 여러 가지 원인이 있겠지만 그 중의 하나가 지하수가 고갈되어 가고 있기 때문이다.

우리가 소비하는 물이 어디에서 어떤 경로로 내게 오는지를 고민해 본 적은 없지만, 물도 어디에서 공급되느냐에 따라 그 지역의 수자원 고갈성에 따른 고갈지수를 갖는다. 댐과 저수지의 물을 이용해 생산한 수돗물과 지하수를 이용해 생산한 수돗물을 예로 들어보자. 비가 오면 저수지에 물이 보충이 되지만 지하수는 빗물이 토양을 침투하여 지하로 스며들어 얻기 때문에 한 번 비가 오면 저수지에 물이 보충되는 것보다 훨씬 오랜 시간 동안에 적은 양의 물이 보충된다. 따라서 수돗물과 지하수의 고갈성을 고려하면 지하수의 고갈성이 높기 때문에 수돗물 1톤과 지하수 1톤을 소비할 경우에 물발자국의 관점에서는 지하수가 훨씬 높다. 실제로 캐나다의 CIRAIG (International Reference Center for the Life Cycle of Products, Processes and Services)에서 우리나라의 지표수와 지하수에 대한 물 고갈 지수를 발표한 바가 있는데, 이에 따르면 지하수의 물 고갈지수를 "1"로 정의할 때 지표수의 물 고갈지수는 "0.956"이다. 즉, 지표수(수돗물) 1톤을 사용하는 것은 지하수 1.05톤을 사용하는 것과 같다는 의미이다.

호주와 한국에서 상이한 수돗물 1톤의 의미

1993년에 PAI에서는 연간 1인당 물 사용가능량이 1000㎥ 미만인 국가는 물 기근국가(waer scarcity)로, 1000~1700㎥ 사이는 물 부족국가(waer stress), 1700㎥ 이상은 물 풍요국가(No stress)로 분류하였다. 이 기준으로 국가별 물 가용수준을 비교한 결과, 우리나라는 2009년 기준으로 1,453㎥[13]이기 때문에 물 부족국가에 분류된다고 하였다. 하지만 이는 각 국가의 수자원 개발능력을 고려하지 않고, 순수하게 강수량과 소비량에 의존하여 분류한 것이기 때문에 신뢰성이

13) 우리나라의 연간 1인당 강수량은 2660㎥이지만 사용가능량은 1,453㎥이다.

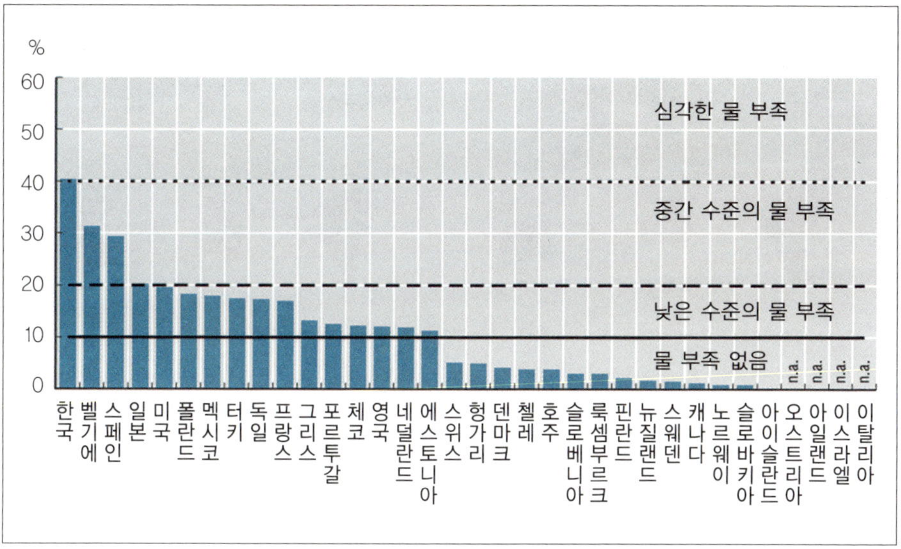

그림 53 OECD 국가의 물부족 현황

[출처] OECD 2050 환경전망보고서: 무대응의 결과

떨어진다는 주장도 있다. 우리나라의 'e-나라지표'에 제시된 OECD 주요국의 1인당 하루 평균 물 사용량을 비교한 결과를 보면 2010년을 기준으로 미국이 가장 많은 378L, 일본 311L, 한국 277L, 호주 224L, 덴마크 188L, 독일 150L이다. 우리나라는 조사대상 OECD 국가 중에서 3위에 해당한다. 서울물연구원에 따르면 2002년에 우리나라 1인당 하루 물 소비량이 264L이었지만 2010년에 277L, 2016년에는 287L로 매년 증가추세에 있다는 점을 강조한다.

우리나라의 강수량은 다른 국가들에 비해 많은 편이지만 우리나라의 국토가 동쪽이 높고 서쪽이 낮은 지형으로 되어 있어서 비가 오면 곧바로 바다로 흘러간 비율이 전체의 31%에 달하고 증발량까지를 포함한다면 빗물 중 실제로 댐이나 저수지, 하천 등에 저장하여 이용가

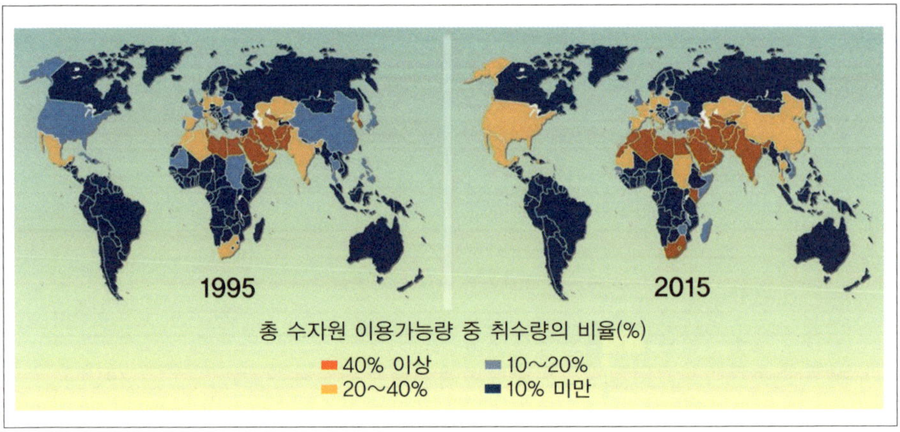

그림 54 국가별 수자원 이용가능률 비교(1995년과 2025년)

[출처] 나무위키(namu wiki)

능한 물의 양은 불과 27% 밖에 되지 않는다. 이처럼 우리나라는 강수량에 비해 빗물의 이용효율이 낮은 반면에 수자원 소비량은 다른 나라들에 비해 높은 편이어서 장기적인 관점에서는 우리나라는 물 부족 국가임에는 틀림이 없다. OECD에서 발간한 2050 환경전망보고서에 따르면, 우리나라는 가용한 수자원 중에서 취수량의 비율(%)이 40%를 초과하여 OECD 국가 중에서 가장 높기 때문에 심각한 물 부족국가로 가고 있다고 설명한다.

그림 53과 동일한 방식으로 세계 모든 국가들의 물 스트레스를 비교한 것은 그림 54에 제시되어 있다. 이에 따르면 우리나라는 1995년과 2025년에도 가용한 총 수자원 양에서 취수량이 차지하는 비율이 40%를 초과하는 심각한 물 부족국가로 분류하고 있다. 그렇다면 호주와 같이 가용한 수자원 양에 비해 취수량의 비율이 10%가 안 되는 국가에서 수돗물 1톤을 소비하는 것과 우리나라와 같이 비율이 40%

를 초과하는 국가에서의 수돗물 1톤을 소비하는 것의 의미가 같은가? 물론 수돗물 1톤이라는 물리적인 측면에서는 동일하지만 수자원의 고갈성을 고려한다면 우리나라에서의 수돗물 1톤의 소비가 호주에서 1톤 소비보다 수자원 고갈정도는 훨씬 크다.

세계식량기구(FAO)에서는 국가별 물스트레스지수(Water Stress Index, WSI)를 발표하였는데, OECD 국가 중에서 이스라엘의 WSI가 가장 높은 110이었고, 다음으로 우리나라의 WSI가 58이었다. 호주는 26위인 5이다.

보이지 않는 물 '가상수'

농축산물을 생산하는데 물은 반드시 필요하다. 그리고 공산품을 생산하기 위해서도 물이 반드시 필요하다. 우리는 타 지역이나 타국에서 농축산물이나 공산물을 수입한다. 이들을 생산하기 위해서는 물이 필요하다. 만일 국내에서 소비할 농축산물과 공산품을 해외가 아닌 국내에서 생산했다면 국내에서 소비해야 할 물을 사용했겠지만 타 지역이나 타국에서 수입함으로써 그 지역에서 소비해야 할 물을 사용할 수 밖에 없다. 따라서 농축산물이나 공산품을 수입할 때 제품을 수입하지만, 그 과정에서 수입국의 물도 함께 수입하는 것이라고 볼 수 있다. 이 물을 가상수(virtual water)라고 한다. 한국수자원공사가 운영하는 인터넷 포털인 "MyWater"에서는 가상수를 우리 눈에는 보이지 않지만 어떠한 제품의 생산, 또는 서비스의 제공에 사용되는 물이라고 정의하고 있다.

가상수의 개념이 중요한 이유는 그림 55의 국가간 가상수 교역량을 보면 된다. 그림 55는 서부유럽의 가상수 교역량을 나타낸 것으로, 초록색

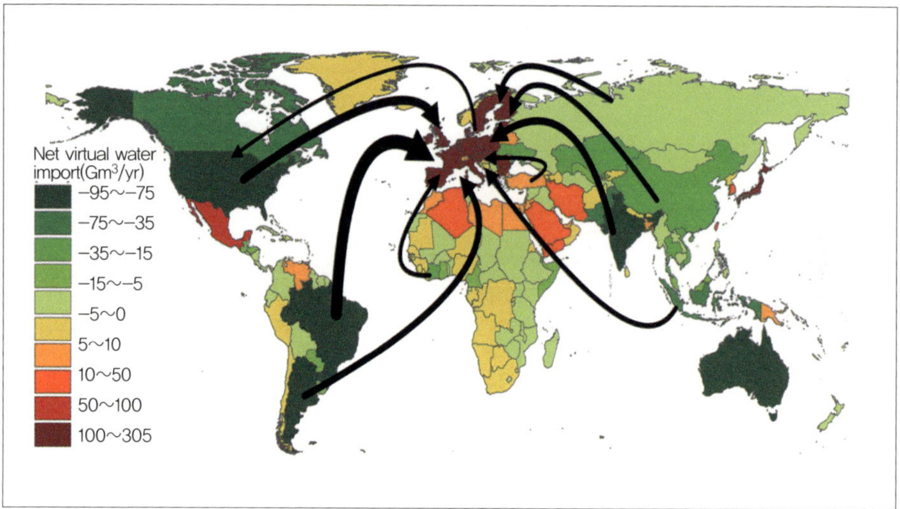

그림 55 국가 간 가상수 교역량

[출처] Water Footprint Network: Virtual Water Trade

으로 된 지역은 가상수를 수출하는 곳이고 붉은색으로 된 지역은 가상수를 수입하는 곳이다. 가상수를 수출하는 지역을 보면 미국을 제외하고 소득수준이 낮은 아프리카와 인도차이나반도와 같은 개발도상국이나 후진국이 대부분이다. 이들 국가는 상수를 개발할 능력이 부족하여 국제적으로 물 부족이 심각한 국가들이다. 그런데, 선진국의 독점자본이 진출하여 이 지역 주민들이 소비해야 할 물을 점령하여 농축산물이나 공산품을 생산한 후에 이를 선진국으로 수출하고 있다. 따라서 이들 국가의 주민들은 심각한 물 부족을 겪고 있다.

2018년도 우리나라의 식량자급률은 47%로 나머지 53%는 해외에서 수입한다. 우리나라에서 곡물 수입에 따른 가상수 교역량을 계산해 본 결과, 연 평균 320억 톤이었다. 이는 53%의 곡물을 수입하지 않고 국내에서 재배한다면 연간 320억 톤의 물이 필요하다는 것을 의미한다. 우리나라의 가상수 교역량은 세계 5위 수준으로, 식량의 수입 의존도가 높다는 것을 알 수 있다. 세계 1위는 일본으로 우리나라의 3배에 해당하는 920억 톤이다.

물발자국은 어떻게 계산하는가?

식품과 공산품에 대한 물발자국은 식(3)과 같이 식품과 공산품의 생산과 수송, 소비, 폐기(재활용 포함) 등의 전 과정에서 물 소비원(A)과 물 소비원별 물 소모계수(CF_w)를 곱하여 얻는다. 공산품의 원료에 대한 물 소비원별 물 소모계수는 한국환경산업기술원에서 제공한다. 또한 가공식품의 원료인 주요 농산물과 축산물에 대한 물 소모계수는 농촌진흥청에서 발표한 연구보고서[14]의 계수를 활용한다.

$$PWF = \Sigma(A \times CF_w)$$

- PWF: 제품 물발자국(product water footprint)
- A: 물 소비원(Activity)
- CF_w: 물(w)의 소모계수(consumption factor)

그림 56은 농촌진흥청에서 발표한 45개 농축산물에 대한 물 소모계수 중에서 16개 농축산물에 대한 물 소모계수이다. 이에 따르면 한

14) 연구보고서 제목은 전 과정평가에 의한 주요 농·축산물의 물발자국 평가 체계 구축(2014)임.

단위: m^3/ton

벼	옥수수	콩	가을감자

2,656	1,306	3,859	448
가을배추	**양파**	**딸기**	**토마토**

165	83	6,046	2,457
수박(노지)	**참외(시설)**	**배**	**포도(노지)**

301	1,317	1,412	996
사과	**쇠고기**	**돼지고기**	**닭고기**

1,506	19,600	5,272	4,008

그림 56 국내 주요 농축산물에 대한 물발자국(10년 평균)

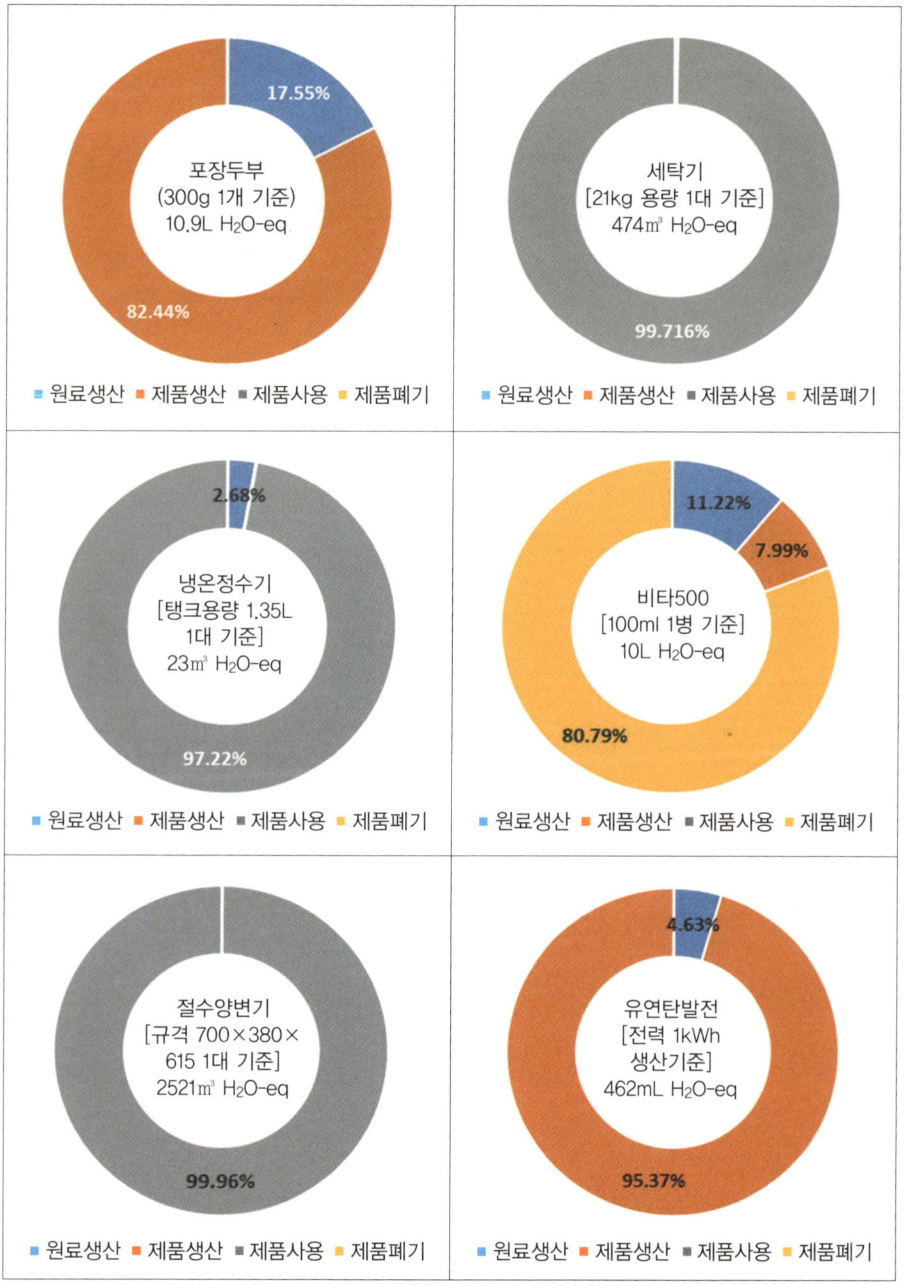

그림 57 공산품과 식품에 대한 물발자국

국인의 주식인 쌀 1톤을 수확하는데 2,656㎥의 물이 필요하다. 겨울철 김장의 주요 원료인 배추 1톤을 재배하는데 165㎥의 물이 필요한데, 이는 쌀의 16분의 1에 해당한다. 과일 중에는 딸기의 물 소모계수가 1톤당 6,046㎥로 가장 높았고 수박은 1톤당 상대적으로 적은 301㎥이다. 육류인 쇠고기와 돼지고기, 닭고기 1톤을 생산하는데 필요한 물량은 각각 19,400㎥, 5,272㎥, 4,008㎥인데, 쇠고기 1톤의 물 소모계수가 닭고기의 5배이다.

그림 57은 한국환경산업기술원의 가공식품과 전자제품에 대한 물발자국 인증결과이다. 제품의 사용과정에서 물을 소비하는 세탁기와 냉·온 정수기, 절수형 양변기는 물 소비의 97~99%가 사용과정에서 소비되었다. 포장두부는 제품용기 내부에 충진수가 있고, 포장두부에 수분함량이 높아서 제조과정 전체 물 소비의 82%를 차지한다. 유연탄 발전도 발전 과정에서 전체 물 소비의 95%를 차지한다. 반면에 병음료 제품은 병 용기를 회수하여 세척하는 과정에서 소비하는 물량이 가장 커서 폐기단계의 물소비가 전체의 81%를 차지한다.

채식이 육식보다 물발자국을 줄인다

42개의 농산물과 3개의 축산물 1톤 생산에 대한 물발자국을 산정한 농촌진흥청의 연구결과에 따르면, 쇠고기와 돼지고기, 닭고기의 평균 물발자국은 9,627톤으로 이는 농산물의 평균 물발자국인 1,469톤의 6.6배이다. 즉, 축산물 1톤이 농산물 1톤을 재배하는 것보다 물을 6.6

배 더 소비한다는 말이다. 특히, 쇠고기의 물발자국은 평균 농산물 물발자국의 13.3배이고, 돼지고기의 물발자국은 농산물 평균의 3.6배이며, 닭고기의 물발자국은 농산물 평균의 2.7배이다.

유럽 집행위원회(European Commission, EC)에서 EU 회원국의 평균 식단을 대상으로 물발자국 연구결과를 발표한 바에 따르면 영국인 식단의 평균 물발자국은 2,757리터이고 독일인은 2,929리터, 프랑스인은 3,861리터인데, 미국인은 9,000리터 이상이다. 이 연구에서는 이들 국가의 평균 식단에서 고기의 비율을 낮춘 건강한 식단으로 변경함으로써 물발자국을 최대 35% 줄일 수 있고, 육류를 생선으로 대체함으로써 물발자국의 55%를 줄일 수 있는데, 이는 육류를 채식 식단으로 대체한 결과와 거의 유사하다. 이처럼 육식식단을 생선과 채식으로 대체함으로써 우리가 소비하는 물발자국의 절반 이상을 줄일 수 있다.

사육방식에 따라 상이한 쇠고기 물발자국

소를 키우는 방식은 아르헨티나와 같이 들판에서 풀을 뜯어먹고 살도록 하는 완전방목 방식과 온종일 축사에서 사료를 먹여 키우는 가두리방식, 낮에는 방목을 하되 저녁에는 축사에서 키우는 혼합 사육방식이 있다. 우리나라는 주로 가두리 방식이나 혼합형으로 사육하고 있다. 그런데, 사육방식에 따라 생산한 쇠고기 1kg당 물발자국은 어떠한가?

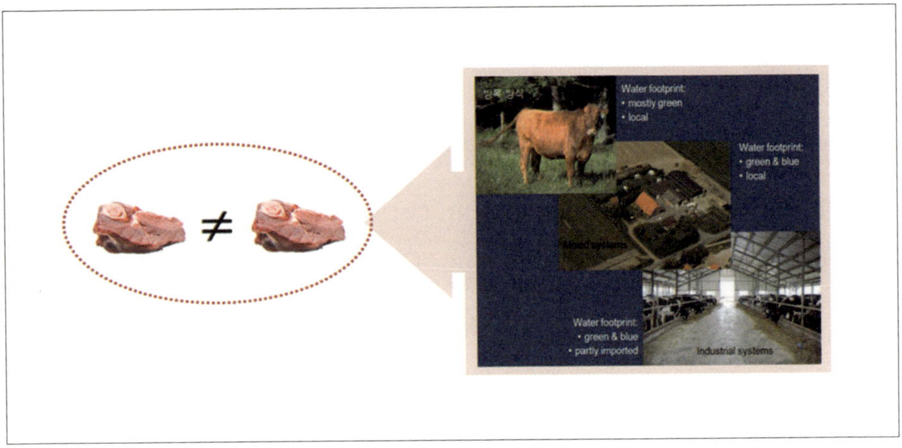

그림 58 사육방식에 따른 쇠고기의 물발자국 비교

완전방목을 하는 방식은 빗물에 의해 자라나는 풀을 뜯어먹도록 하고 목이 마르면 하천수를 마시도록 하기 때문에 인위적인 물 공급이 최소화되어 있다. 하지만 하루 종일 축사에 가둬서 키우는 가두리방식은 가공 사료를 먹이고 수돗물을 먹이기 때문에 사육과정의 대부분이 인위적인 물 공급이 이뤄진다. 따라서 가두리 방식이 완전방목 방식보다 물발자국이 클 수밖에 없다. 실제로 쇠고기 1kg을 생산하는데 필요한 세계평균 물발자국은 15,000kg이다. 이 중에서 약 98%가 사료용 작물을 재배하는데 소모되는 물이다. 우리나라의 소 사육환경을 고려하여 물발자국을 산정한 결과, 1kg의 쇠고기 당 19,600kg의 물이 필요하다. 이는 온종일 축사에 가두어 키우는 우리나라의 소 사육환경이 더 많은 물이 필요하다는 말이다.

농산물의 노지재배가 시설재배보다 물발자국을 줄인다

농산물의 재배 방식에는 노지재배 방식과 비닐하우스에서 재배하는 시설재배 방식이 있다. 노지재배는 빗물에 의존하지만 갈수기에는 관개용수를 공급하여 농산물을 재배한다. 시설재배는 100% 관개용수를 활용하여 농산물을 재배한다. 또한 시설재배는 제철이 아닌 계절에 채소를 키워야 하기 때문에 겨울철에는 난방유가 사용되며, 비닐하우스를 짓는데 필요한 철재프레임과 비닐을 사용한다. 난방유와 철재 프레임, 비닐을 생산하는데 간접수가 필요하다.

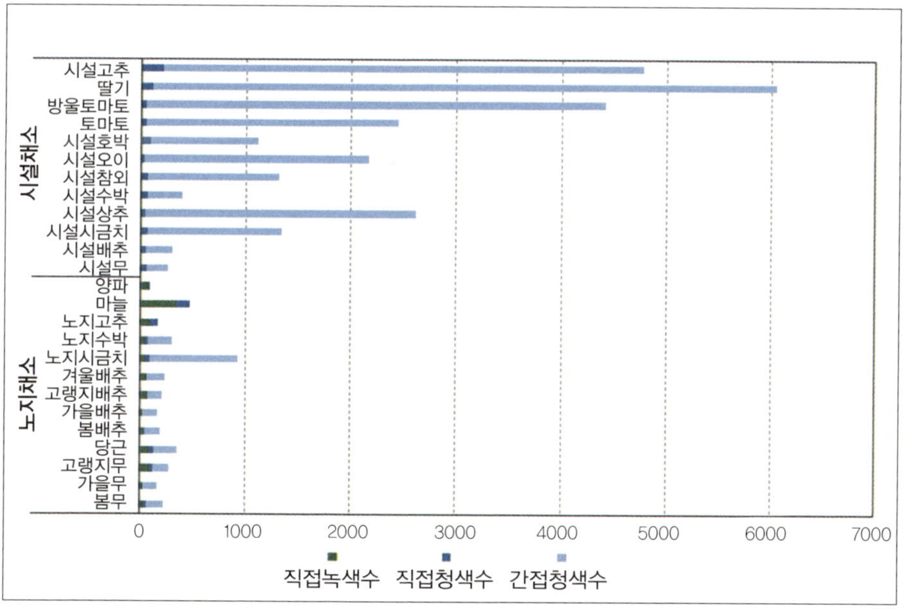

그림 59 노지재배 및 시설재배 농산물의 물발자국 비교

모든 농산물은 생장을 하는데 일정한 양의 물을 필요로 한다. 이를 필요수량이라고 한다. 노지재배를 하는 농산물은 필요수량을 들판에 직접 내리는 빗물인 녹색수로 충당하되 부족분을 저장수인 청색수를 사용한다. 시설재배를 하는 농산물은 필요수량으로 청색수를 사용한다.

그림 59는 노지재배와 시설재배 방식을 이용하여 재배한 농산물의 물발자국을 비교한 그래프이다. 노지채소 중 시금치 1톤을 생산하는데 필요한 물량이 930㎥으로 노지채소 중에서 가장 많은데, 이는 노지채소의 평균인 287㎥의 3.2배이다. 또한 시설채소 중 가장 물발자국이 큰 것은 딸기로 톤당 약 6000㎥의 물이 필요하며, 시설채소의 물발자국 평균인 톤당 2268㎥인 노지채소의 약 8배이다. 이처럼 시설채소가 노지채소에 비해 물발자국이 큰 것은 전적으로 청색수를 사용하기 때문이다.

02>>
수자원 고갈을 막는 물발자국 라벨

탄소는 생활의 문제이지만 물은 생명의 문제이다

사람들은 누구나 걷거나 자전거를 타고서 멀리 이동하는 것보다 차를 타고 쉽고 빨리 이동하기를 원한다. 사람들은 불편함보다는 편리성을 추구하고자 하는 욕구가 누구나에게 있다. 물론 건강을 위해 의도적으로 자전거를 타거나 뛰거나 걸어서 먼 거리를 이동하는 경우는 있지만 이들도 일상생활에서는 차를 타고 다닌다.

일반적으로 사람들은 교통비를 아끼거나 건강을 위해 버스와 지하철을 타고 이동하지만 이들도 자가용을 타고 싶어하는 욕구는 있다. 그런데, 탄소발자국에 대한 설명에서도 언급했듯이 사람들은 편리해지면 편리해질수록 그만큼 CO_2를 많이 배출한다. 이처럼 CO_2 배출은 생활의 문제이다.

하지만 물은 어떠한가? 인간의 몸에서 수분이 차지하는 함량은 50~70%이다. 어릴수록 수분함량이 높고 나이가 들수록 수분함량이 떨어진다. 동물은 체내의 단백질을 절반 정도 잃어도 생명을 유지할 수 있으나 체내의 수분이 10%만 빠져나가도 생명을 유지할 수가 없다. 몸에 물이 0.6리터만 빠져나가도 갈증을 느끼게 되는데, 3리터가 없어지면 혼수상태에 이르기도 한다. 6리터를 잃게 되면 사망한다. 농산물은 증산작용을 통해 생장을 하는데 이 과정에서 물은 반드시 필요하다. 다시 말해서 사람과 동물이나 농산물과 같은 식물 모두 물이 없으면 살아갈 수 없다. 따라서 물은 생명의 문제이다.

물 다소비 제품에 대한 물 라벨은 강제인증으로

제품이 물소비와 관련된 라벨링 제도를 운영하는 국가와 기관은 탄소라벨에 비해 턱없이 적다. 그렇지만 탄소라벨에 비해 물 라벨은 주로 물을 많이 소비하는 제품이나 물을 절약할 수 있는 기기를 대상으로 강제 인증제도를 시행하는 사례가 많다.

물 관련 인증제도를 가장 잘 운영하는 국가는 호주이다. 호주는 연평균 강수량이 500~600mm에 불과하고 증발량이 커서 매우 건조한 지역이다. 호주 기상청에서 발표한 자료에 따르면 2018년 7월 기준으로 호주 전 국토에 분포한 토양의 함수량을 보면 대부분의 지역이 평균 이하이며, 뉴사우스웨일지(NSW) 주 지역에서는 사상 최저를 기록하고 있다.

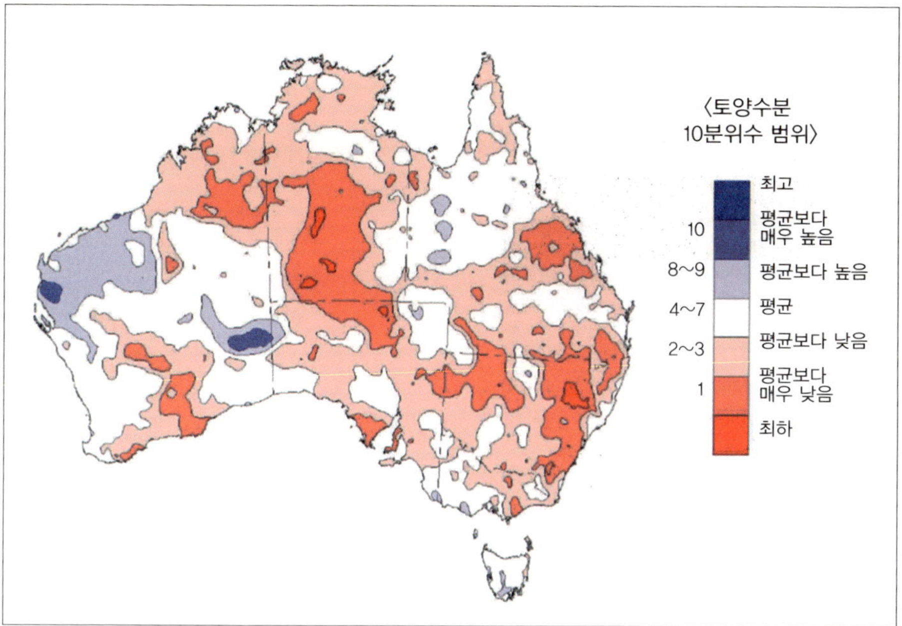

그림 60 호주의 지역별 토양 속 함수량

[출처] 해외 IP 환경동향보고 "2018년 호주 수자원 현황"

호주는 1997년부터 2012년까지 15년 동안 NSW 주에서의 심각한 가뭄으로 농작물과 농축산업에 심각한 타격을 입었다. 이로 인해 호주 정부는 모든 정책에 우선하여 물관리 정책을 두고 있다. 2019년에도 호주는 심각한 가뭄이 발생하여 6월 1일부터 NSW 주는 강제 수도 사용 제한조치를 시행하였다. 모든 수도 호스에는 오픈 스위치가 있는 트리거 노즐(trigger nozzle)을 장착해야 하며, 잔디 물주기는 오전 10시 이전과 오후 4시 이후에만 가능하다. 보도블럭 및 차량 진입로와 같은 단단한 표면에 물을 주는 것과 정원에서 스프링클러를 사용하는 것이 금지되어 있으며, 세차 시 양동이 또는 트리거 노즐이 장착

그림 61 호주 물 효율 라벨 및 라벨의 부문별 의미

된 호스를 사용해야 한다. 이러한 조치를 어길 경우에는 개인은 220호주달러, 기업은 550호주달러를 벌금으로 내야 한다. 이러한 조치는 2009년에 마지막으로 시행된 이후로 10년 만의 조치이다.

호주는 전 국민의 물 절약을 통한 효율적인 물 수요관리를 위하여 2005년에 절수기기 등에 물 효율라벨 인증제를 세계 최초로 시행하였다. 호주는 물 효율 라벨링과 표준법(Water Efficiency Labelling and Standards Act, WELS 법)에 따라 건축물 공사업자나 배관 시공업자는 건축공사에서 의무적으로 WELS 법에 따라 물 효율인증을 취득한 기자재를 구매하도록 규제하고 있다.

물 효율인증을 의무적으로 취득해야 하는 대상은 식기세척기, 유량조절기, 샤워기, 수도꼭지, 화장실 변기, 소변기, 세탁기 등 7개 품목이다. 이들 품목이 물 효율등급의 취득 및 등급정보 공개에 대한 법을 어길 경우, 개인은 최대 1260호주달러의 벌금을 내야 하고 회사는 최대 6300호주달러의 벌금을 내야 한다. 이와 같은 강한 규제정책으로 인해 호주 국민의 87%는 물 등급 라벨을 알고 있으며 절반 이상의 소비자가 제품을 구매할 때 라벨을 확인한다고 한다. 또한 이 제도를 운영함으로써 2030년에 연간 약 20억 호주달러의 수도요금을 아낄 수 있고, 연간 2000억 리터의 식수를 절약하는 효과가 있을 것이라고 한다.

우리나라는 「에너지이용 합리화법」에 따라 자동차, 에어컨과 같은 효율관리기자재에 대하여 에너지소비효율을 의무적으로 평가하고 그 결과를 제품에 부착하도록 하는데, 물을 많이 소비하는 드럼세탁기와 식기세척기는 에너지소비효율과 함께 각각 '1kg 세탁물의 세탁과정에서 소비되는 물량', '1회 세척 시 사용하는 물량'을 표시하도록 하

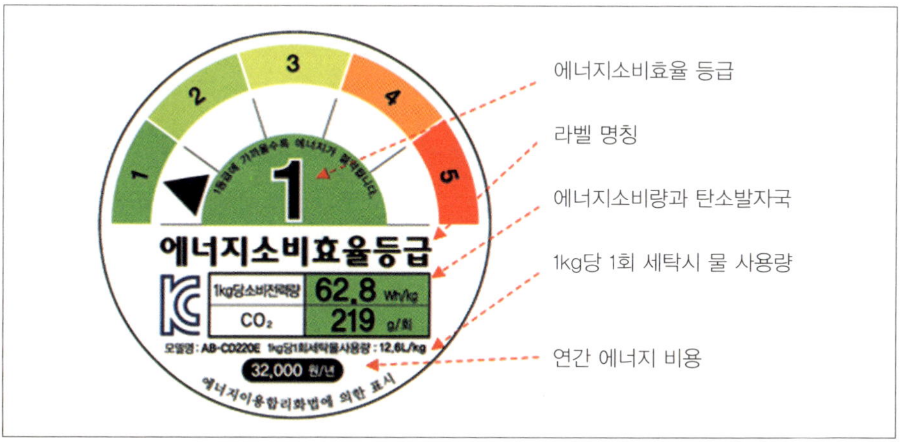

그림 62 드럼세탁기의 에너지소비효율등급 표시정보의 의미

고 있다. 그림 62를 보면 하단 오른쪽에 '1kg당 1회 세탁물 사용량'이 12.6L인 것을 확인할 수 있다. 이는 표준세탁방식에 따라 시험한 결과로 청색수 중에서 직접수에 해당하는 물량을 표시한 것이다.

일반 공산품의 물 라벨은 임의인증으로

환경부에서 2017년부터 운영 중인 물발자국 인증은 공산품의 생산과 사용, 폐기 등의 과정에서 소비한 물량과 폐수를 희석하여 원수로 전환하는데 필요한 보충수량을 합한 필요수량을 산정하여 물발자국으로 표시한 제도이다. 인증기관인 한국환경산업기술원의 물발자국 인증 홈페이지(www.epd.or.kr)에 2019년 11월 현재 등록된 인증제품 수는 총 13개로, 반도체가 4개로 가장 많고 물을 많이 소비하는 정수기가 2개, 세탁기와 절수형 양변기, 수로형 집수정이 각 1개, 병음

그림 63 공산품에 대한 환경부 물발자국 인증도안의 의미

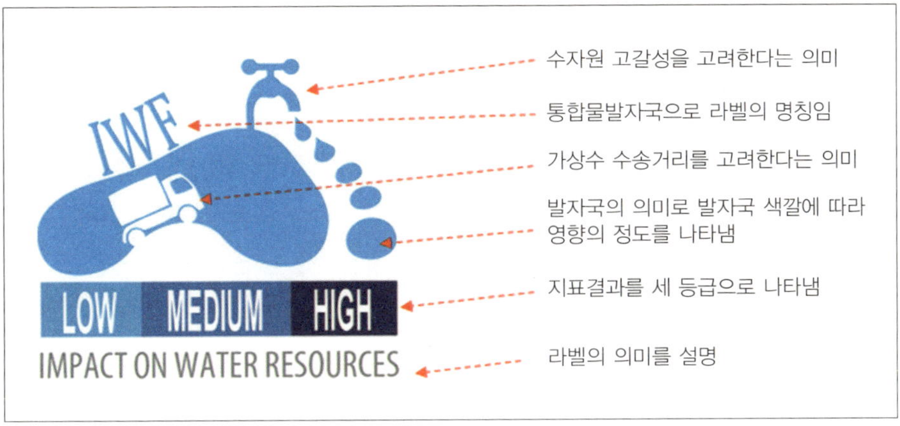

그림 64 **통합물발자국(IWF) 인증도안의 의미**

료와 포장두부가 각 1개, 화력발전이 1개, OLED TV 패널이 1개씩으로 아직은 초보적인 단계이다. 흥미로운 것은 환경부 물발자국 인증과 에너지공단의 에너지소비효율등급에서 드럼세탁기에 대해 공개한 물발자국 인증결과를 보면 각각 475㎥과 12.6L으로 큰 차이를 보인다는 점이다. 이렇게 차이를 보이는 이유는 환경부는 물발자국 인증 시, 드럼세탁기의 수명인 5년 동안 총 218회의 세탁을 하는 동안에 소비한 물량과 세탁기를 제조하거나 폐기하는 과정에서 발생한 간접수량을 포함한 반면에 에너지소비효율등급에서는 드럼세탁기를 활용하여 세탁물 1kg을 1회 세탁하는 과정에서 소비되는 물량으로 표시하고 있기 때문이다.

그림 64의 통합 물발자국(IWF) 인증라벨은 많이 알려져 있지는 않으나 물소비량과 물 고갈성, 가상수의 이동거리 등을 통합하여 물발자국 지표결과를 저(low), 중(medium), 고(hign) 3등급으로 표시하

여 소비자가 알기 쉽도록 도안을 사용하고 있다. 한편, 발자국 모양과 수도꼭지의 색깔을 3가지 등급을 의미하는 색깔 중에서 어떤 색깔을 선택하느냐에 따라 해당 제품의 물발자국의 지표결과를 알 수 있도록 하였다. 이 제도는 가상수의 이동거리를 고려하고 있다는 점에서 농축산물과 가공식품을 대상으로 물발자국을 인증하는 제도이다.

03>>

기업경영의 위험요인으로서 물 분쟁

인도에서 물 분쟁으로 공장을 폐쇄한 코카콜라

인구가 급격히 증가하여 물 부족에 시달리고 있는 인도에서는 2014년에 북부 라나시 시에 세운 코카콜라 공장이 지하수를 연간 2650만 리터를 사용해 지하수 고갈이 심각하다고 판단하고, 인도정부는 주민들의 의견을 받아들여 코카콜라 공장의 폐쇄명령을 내렸다.

이는 코카콜라 공장에 취직하여 생계를 유지하고 있는 인도주민에게 돈보다 물이 더 중요하다는 것을 보여주는 대표적인 사례이다. 이보다 앞선 2000년에 인도 케랄라 지역의 주민은 코카콜라 공장의 철수를 외치고 나섰다. 그 이유는 1리터 용량의 코카콜라 한 병을 만드는데 9리터의 물을 사용하는 등 매일 150만 리터의 지하수를 퍼올리는 바람에 우물 260개가 말라 주민들이 마실 물이 고갈되고 오염되었기 때문이다.

그림 65 인도에서 코카콜라 공장의 반대시위 피켓

볼리비아 띠키파야 시 주민과 맥주회사 따끼냐 간의 분쟁

2000년에 다국적 맥주회사인 따끼냐가 해외자본에 매각되면서 볼리비아 띠키파야 시 주민과 따끼냐 맥주회사 간의 물 분쟁이 시작되었다. 맥주회사 따끼냐는 물이 풍부한 띠키파야 시의 강 상류지역에 맥주공장을 세우고 하류로 흐르는 물줄기를 맥주공장으로 흐르게 함으로써 하류에 거주하는 1700여명 지역주민이 심각한 물 부족에 시달리게 되었다.

이에 지역주민이 합심하여 맥주공장으로 흐르는 수로를 하류로 흐르게 하는 상수도관 매설공사를 하였으나 따끼냐 맥주회사가 일주일만에 상수도관을 막음으로써 사건은 예측불가능한 상황으로 치닫게

그림 66 띠끼파야 시민의 따끼냐 맥주공장 반대시위

되었다. 일반적으로 주민들이 사용한 물을 하천으로 흘려보내면 이를 다시 취수한 후에 정화하여 사용할 수 있다. 하지만 맥주회사는 지역주민이 공유해야 할 물을 취수하여 맥주를 만들고 다른 지역에서 판매함으로써 돈을 벌고 있는데, 엄밀히 말해서 지역주민의 공동소유인 물이 자본의 힘에 따라 타 지역으로 이동하고 있어서 띠키파야 지역의 물이 고갈된다고 생각하고 지역주민은 공장폐쇄를 요청한 것이다.

네슬레의 생수생산으로 프랑스와 파키스탄 등에서 물 분쟁

2015년 말 전 세계 200여 국가에서 올린 매출이 약 110조원에 육박할 정도의 거대 식품기업인 네슬레는 1866년 스위스에서 설립된 회사

그림 67 네슬레의 물 분쟁 사례: (좌) 프랑스 비텔 (우) 파키스탄 라호르

이다. 이 회사는 PET병에 생수를 담아 판매함으로써 여러 지역주민과의 물 분쟁이 심했다. 실제로 프랑스의 인구 5,000명 정도 거주하는 소도시인 비텔지역에 1992년에 진출한 네슬레는 이 지역경제를 떠받들고 있었다. 하지만 네슬레가 진출하고 나서 이 지역의 지하수 수위가 급격하게 줄어들면서 평온했던 이 지역이 갑자기 분쟁지역으로 둔갑했다. 물의 흐름을 확인해 보니, 2017년에 이 지역에서 소비한 물 83만 톤 중에서 74만 톤 정도를 네슬레에서 생수병에 담아 인근 독일의 지역에 판매한 것으로 나타났다. 이에 지역주민들은 네슬레 공장의 폐쇄를 적극 주장하고 나선 것이다.

이보다 전에 네슬레는 파키스탄에서 심각한 물 분쟁을 겪은 바 있다. 2018년에 파키스탄 대법원은 감사원에게 네슬레가 파키스탄에서 생수사업으로 얻은 실질적 이익을 감사하도록 명령하였다. 이 조치에 따른 감사원의 감사보고서를 보면 2013년에서 2017년까지 5년 동안 44.3억 리터의 지하수를 취수하여 지하수 대수층의 수위가 낮아졌고, 이로 인해 바닷물이 대수층으로 유입되어 지하수의 수질오염이 심각하다고 보고하였다. 이로 인해 파키스탄의 1인당 가용수가 1951년에

5,000톤에서 2014년에 1,000톤으로 대폭 줄어 들었다고 한다.

파키스탄 라호르(Lahore) 지역 주민들은 깨끗한 물에 접근하지 못하고 오염된 물을 마시게 됨에 따라 네슬레를 비난하는 물 분쟁이 심각해졌고, 마침내 정부와 대법원이 나섰다. 실제로 파키스탄 대법원은 파키스탄 정부가 네슬레에게 정당한 생수판매에 따른 마진 부과와 효과적인 물 관리를 하도록 명령하였다. 이처럼 물을 가지고 사업하는 글로벌 기업이 특정 지역에 진출하여 해당 지역주민과 물의 사용에 대해 타협하지 않고 무분별하게 사용하면 물 분쟁은 피할 수 없다는 교훈을 얻는다.

Chapter 05

인체건강과 먼지발자국

01>>

먼지발자국이란 무엇인가?

이제는 에어포칼립스 시대

에어포칼립스(airpocalypse)란 공기를 나타내는 에어(air)와 종말을 뜻하는 아포칼립스(apocaypse)를 합한 신조어로 우리 말로 직역을 하면 공기 종말이라고 할 수 있으며, 미세먼지로 인해 대기오염의 심각성을 일컫는 말이다.

이는 2013년에 중국의 미세먼지 농도가 세계보건기구(World Health Organization, WHO) 권고기준의 35배 수준인 것을 빗대어 영국 파이낸셜타임즈에서 처음으로 사용한 용어이다. 이 용어가 초봄에 우리나라로 불어오는 심각한 미세먼지 농도를 일컬어 재차 사용되고 있다. 2019년 3월은 우리나라에서 초미세먼지($PM_{2.5}$)를 관측한 2015년 이래로 가장 농도가 높은 달로 월평균 44.6㎍/㎥으로 집계되었다. 특히 2019년 3월 5일 서울의 하루 평균 $PM_{2.5}$ 농도는 역대 최고치인 135㎍/㎥를 기록하였다. 이는 WHO의 일 평균 권고기준인 25㎍/㎥[15]의 5.4배에 달하는 매우 높은 수치이다. 또한 2019년 3월 1일부터 7일까지 7일 연속으로 고농도 미세먼지 비상저감 조치가 시행되는 기록도 세웠다. 2015년 이래로 3월 평균 $PM_{2.5}$ 농도를 보면 2015년에 38㎍/㎥, 2016년에 32㎍/㎥, 2017년에 39㎍/㎥, 2018년에 34㎍/㎥, 2019년에 44.6㎍/㎥으로 지난 여러 해의 같은 달에 비해 매우 심각한 수준이었음을 알 수 있다.

미세먼지란 무엇인가?

먼지란 대기 중에 떠다니거나 흩날려 내려오는 입자상 물질로 입자의 크기에 따라 크게 세 가지로 구분한다. 첫째, 입자의 크기가 50마이크로미터(㎛) 이하인 것을 총 먼지(total suspended particles, TSM)라고 하고, 이 중에서 입자의 지름이 10㎛ 이하인 먼지를 미세먼지(particulate matter)라고 부르며 PM_{10}이라고 명명한다. 그리고 먼지 입자의 지름이 2.5㎛ 이하인 먼지를 초미세먼지(fine particle 또는 aerosol)라고 하고 $PM_{2.5}$라고 부른다. PM_{10}의 크기는 머리카락 지름의 5분의 1에서 7분의 1 정도이고, $PM_{2.5}$는 이 보다 작은 20분의 1에서 30분의 1 정도이다.

15) 초미세먼지($PM_{2.5}$)에 대한 환경기준이 기존에 연평균 25㎍/㎥ 및 일평균 50㎍/㎥에서 2017년에 연평균 15㎍/㎥ 및 일평균 35㎍/㎥으로 강화되었다.

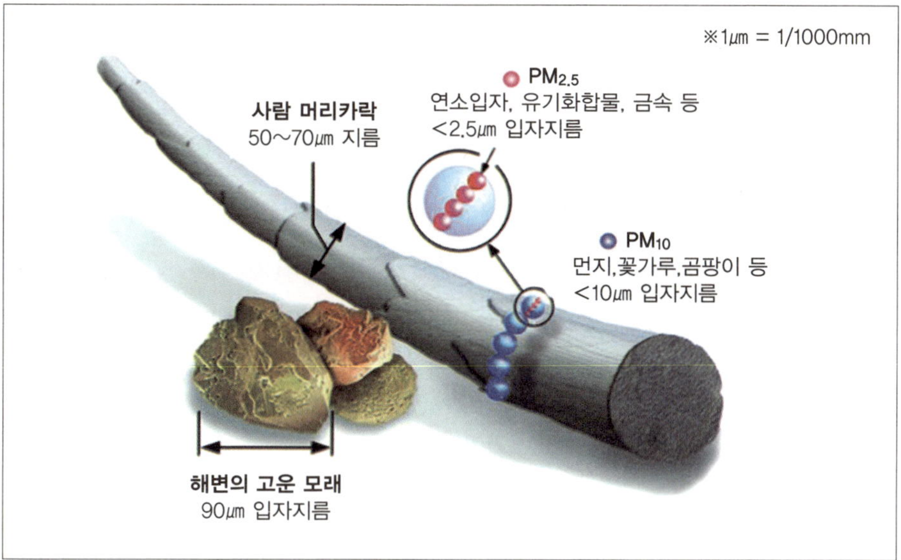

그림 68 미세먼지 크기 비교

[출처] 미국 환경보호청(EPA)의 자료를 환경부에서 변형한 자료(2016.04)

황사와 미세먼지의 차이

우리 국민들 중에서 황사와 미세먼지를 혼동하는 분이 의외로 많다. 황사와 미세먼지를 비교해 보자. 먼저 직경에 의해서 구분해 보면, 50㎛의 총 먼지 중에서 황사는 보통 1.8~10㎛ 정도의 직경을 가진다. 따라서 대부분의 황사는 미세먼지에 해당한다. 두 번째로 발생원에 의해 비교해 본다. 황사는 주로 3월에서 5월경에 한반도의 약 12배나 되는 중국과 몽골의 사막지대와 황토고원에서 강력한 회오리 바람이 불 때 휩쓸려 대기 중으로 올라간 미세한 흙먼지가 편서풍을 타고 우리나라 쪽으로 장거리를 이동하여 사람이 사는 대기 중으로 하강할 경우에 발생한다. 이에 따라 황사의 주성분은 칼슘과 철분, 알루미늄,

마그네슘 등의 토양성분이다. 반면에 PM_{10}과 $PM_{2.5}$는 주로 연소과정에서 발생한 질소산화물과 황산화물 등이 대기 중에서 화학반응을 일으켜 생성된 암모늄 화합물이 주된 성분이다.

이처럼 황사는 자연발생적으로 발생하기 때문에 인간의 노력으로 줄일 수는 있지만 막을 수 없다. 하지만 미세먼지는 연료의 연소과정 등 인간활동에 의해 인위적으로 발생하기 때문에 인간의 노력에 의해 얼마든지 줄이거나 막을 수 있다.

미세먼지의 발생원

먼지의 직경이 10㎛ 이하인 미세먼지는 굴뚝이나 작업장, 도로 등에서 고체상태로 대기 중으로 노출된 1차적 발생과 석탄이나 석유와 같은 화석연료를 연소하는 과정에서 대기 중으로 배출된 가스 상태의 입자가 공기 중의 다른 물질과 화학반응을 일으켜 발생하는 2차적 발생으로 구분한다. 여기서 1차적 발생보다 2차적 발생을 중요하게 보는 이유는 화학반응에 의한 2차적 발생의 비중이 전체 미세먼지 발생량의 3분의 2를 차지할 정도로 높기 때문이다. 2차적 발생에서 대기 중에서 화학반응을 일으키는 원인을 제공하는 물질을 전구물질이라고 부르는데, 질소산화물(NO_x)[16]과 황산화물(SO_x)[17], 휘발성유기화합물

---

16) 질소산화물(NO_x): 질소와 산소의 화합물로 연소과정에서 연료에 포함된 질소가 고온에서 산화되어 발생한다. 질소산화물에는 일산화질소(NO)와 이산화질소(NO_2)가 대표적이다. 질소산화물을 NO_x라고 부른 이유는 NO와 NO_2 등을 총체적으로 부른 그룹명이기 때문이다.

17) 황산화물(SO_x): 황과 산소의 화합물로 연소과정에서 연료에 포함된 황 성분이 고온에서 산화되어 발생한다. 대표적인 황산화물로는 이산화황(SO_2)과 삼산화황(SO_3)이 있으며 이 외에도 일산화황(SO), 삼산화이황(S_2O_3), 칠산화황(S_2O_7, 사산화황(SO_4) 등이 있다.

(VOCs)[18], 암모니아(NH_3)가 여기에 포함된다.

우리나라 미세먼지 발생수준

우리나라의 미세먼지 발생수준을 보기 위하여 그림 69에 우리나라와 같이 OECD 국가로 분류되는 호주와 캐나다, 미국, 덴마크, 프랑스, 일본 등과 대기 중 $PM_{2.5}$ 평균농도를 연도별로 비교하였다. 이에 따르면 1990년 이래로 우리나라의 대기 중 $PM_{2.5}$ 농도가 다른 OECD 국가들의 평균치에 비해 평균 2배 이상 높았으며, 가장 낮은 호주와 캐나다에 비해서는 최소 4배 이상이 높았다. 특히 우리나라의 $PM_{2.5}$ 연평균 농도가 2011년을 제외하고 WHO의 일평균 권고 기준인 25㎍/㎥보다 높았다. 참고로 OECD 국가들의 평균은 15~17㎍/㎥으로 WTO의 권고치보다 한참 낮다.

그림 70은 서울과 함께 글로벌 대도시로 분류되는 파리, LA, 뉴욕, 도쿄 간의 2011년부터 2015년까지 $PM_{2.5}$ 농도를 비교한 결과이다. 뉴욕은 비교대상 5개 대도시 중에서 $PM_{2.5}$ 농도가 가장 낮은데, 서울의 약 40% 수준이다. 2011년과 2013년에 파리의 $PM_{2.5}$ 농도도 서울의 70% 수준이다. 하지만 고무적인 것은 서울도 2011년부터 2015년까지 $PM_{2.5}$ 농도가 WHO의 일평균 권고치인 25㎍/㎥을 넘지 않았는데, 이는 2005년부터 시행된 「수도권 대기환경개선에 관한 특별법」의

18) 휘발성유기화합물(VOCs): 쉽게 증발되는 액체 또는 기체성 유기 화합물로서, 대기 중에서 질소산화물과 공존하면 햇빛의 작용으로 광화학 반응을 일으켜 오존 등 광화학 산화성 물질을 생성시켜 광화학 스모그를 유발하는 물질을 통틀어 일컫는 말이다. 여기서 's'의 의미는 시리즈로 그룹명이다.(출처: 천재학습백과)

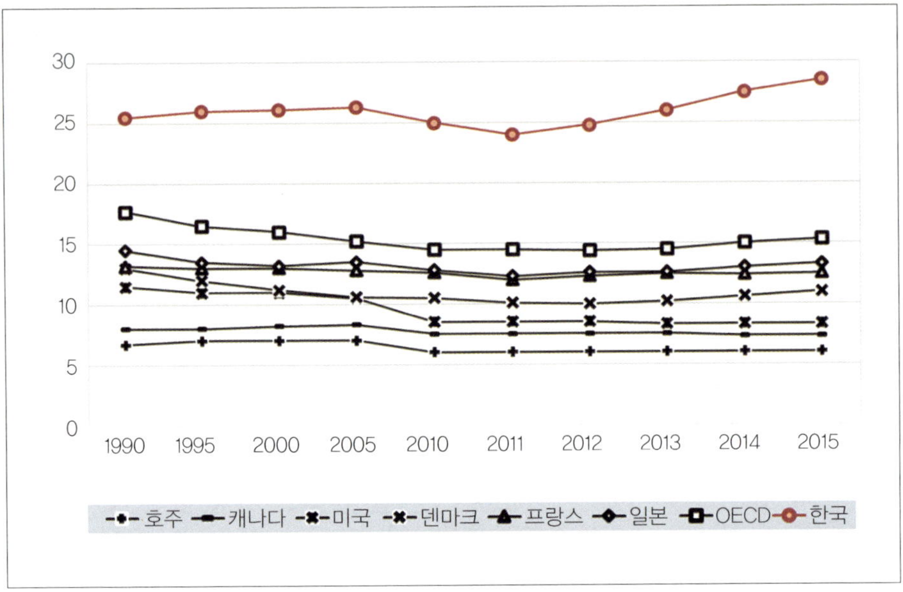

그림 69 우리나라와 OECD 국가들의 $PM_{2.5}$의 농도 추이

[출처] OECD 통계데이터를 환경부에서 변형한 데이터

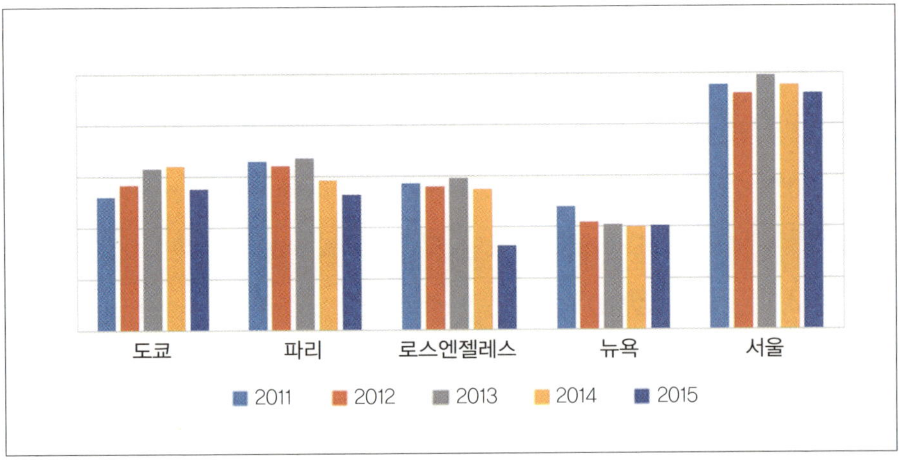

그림 70 서울과 외국 주요 대도시 간 $PM_{2.5}$ 농도 비교

[출처] 환경부(2019년도 미세먼지 정책설명회)

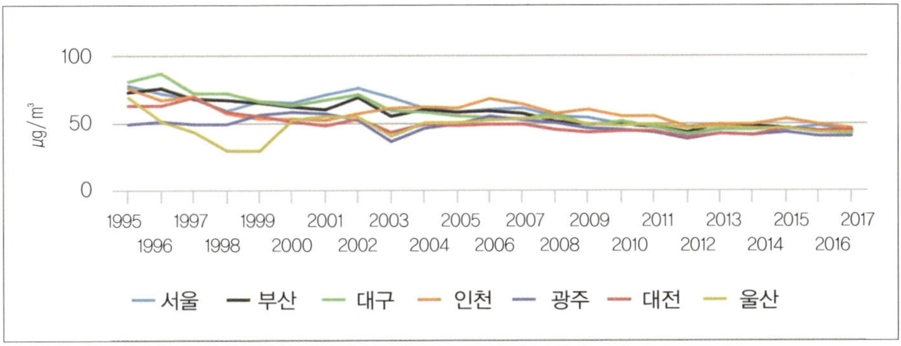

그림 71 **전국 주요 도시들의 연도별 미세먼지 평균농도(1995~2016년)**

[출처] 에어코리아(www.airkorea.or.kr)

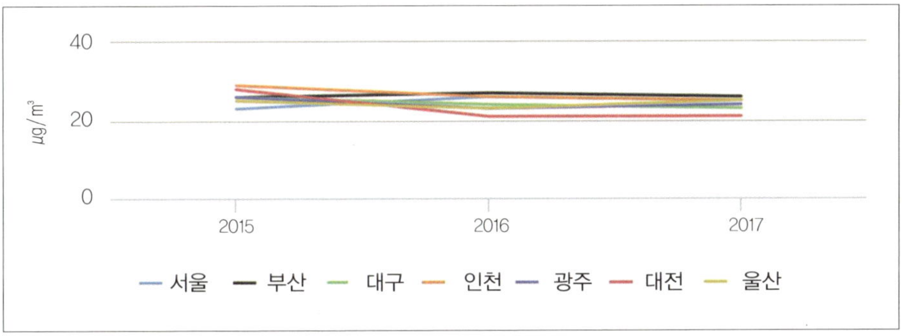

그림 72 **전국 주요 도시들의 연도별 $PM_{2.5}$ 평균농도(2015~2017년)**

[출처] 에어코리아(www.airkorea.or.kr)

효과인 것으로 보인다. 하지만 불행하게도 갈수록 미세먼지가 농도는 심각해지고 있는 추세이다.

다음으로 서울특별시와 부산 등 7대 광역시에 대한 미세먼지 평균농도와 $PM_{2.5}$ 평균농도의 추이를 보기 위하여 한국환경공단에서 운영하는 에어코리아(www.airkorea.or.kr)의 자료를 분석해 봤다. 이에 따르면 1995년부터 2016년까지 비교대상 8대 대도시의 연간 평균 미

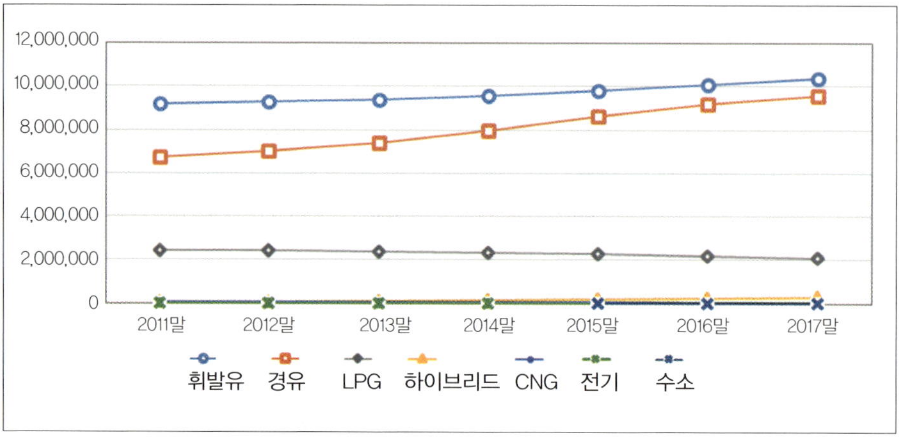

그림 73 연도별로 차종별 국내 보유대수 비교(2011~2017년)

[출처] 국토교통부 보도자료(2018.01.17)

세먼지 농도는 갈수록 낮아지고 있는 추세인 것을 확인할 수 있다. 또한 $PM_{2.5}$에 대한 공식기록을 작성하기 시작한 2015년 이후로 8대 대도시의 $PM_{2.5}$ 평균농도를 보면 2015년에는 서울을 제외한 대부분의 도시가 국제 권고치인 25㎍/㎥을 넘어섰지만 2016년과 2017년에는 대전을 제외한 도시에서 25㎍/㎥을 넘어섰다.

특히 서울을 보면 2015년 이후로 매년 $PM_{2.5}$가 증가하는데, 그 원인을 파악하기 위해 연도별 자동차 보급현황을 분석했다. 그림 73을 보면 2011년 이후 경유자동차의 보급대수가 2017년에 43%가 증가했다. 하지만 동일 기간에 휘발유 자동차 보급대수의 변화는 경유차의 3분의 1인 13% 정도만 증가했고, LPG 차량은 오히려 14%가 줄어들었다. 이 상황을 종합해 볼 때, 경유차 보급대수의 폭발적 증가가 서울의 $PM_{2.5}$ 증가에 직접적인 원인일거라는 합리적인 추측을 해본다.

미세먼지로 인한 영향

미국의 Dockery 박사(1993년)와 Samet 박사(2000년)가 미세먼지와 사망률 간의 관련성에 대한 연구논문을 발표하면서 PM_{10} 미세먼지의 심각성이 널리 알려지게 되었다. 그들은 PM_{10}이 1㎥당 10㎍이 증가하면 전체 사망률이 0.5% 증가한다고 발표하였다. 또한, 미국 암학회(American Cancer Society)는 $PM_{2.5}$가 1㎥당 10㎍이 증가하면 전체 사망률이 4%가 증가한다고 했다. 이외에도 WHO는 미세먼지 농도 증가에 따른 기대수명[19]의 관련성에 대한 연구결과를 발표한 바가 있다. 이에 따르면 $PM_{2.5}$가 1㎥당 10㎍이 증가하면 30세 이상의 성인 기준으로 22개월의 기대수명이 손실된다.

우리나라 질병관리본부는 2018년에 인체부위별로 미세먼지에 노출됨에 따른 나타날 수 있는 건강영향을 소개하는 '미세먼지의 건강영향과 환자지도'를 발간하였다. 그림 74는 인체부위별로 발생가능한 질환을 소개하고 있다. 이에 다르면 호흡기 계통에는 폐렴이나 천식 등 폐기능 장애를 일으킬 수 있고, 심장계통에는 심근경색증 및 부정맥 등이 일어날 수 있다.

미세먼지는 1군 발암물질

WHO 산하의 국제암연구소(International Agency for Research on

19) 기대수명(life expectancy at birth): 0세의 출생자가 향후 생존할 것으로 기대되는 평균 생존연수를 말한다. 통계청에 따르면 우리나라 평균 기대수명은 2005년에 78.2세, 2017년에 82.7년으로 12년 사이에 4.5년이 늘었다.

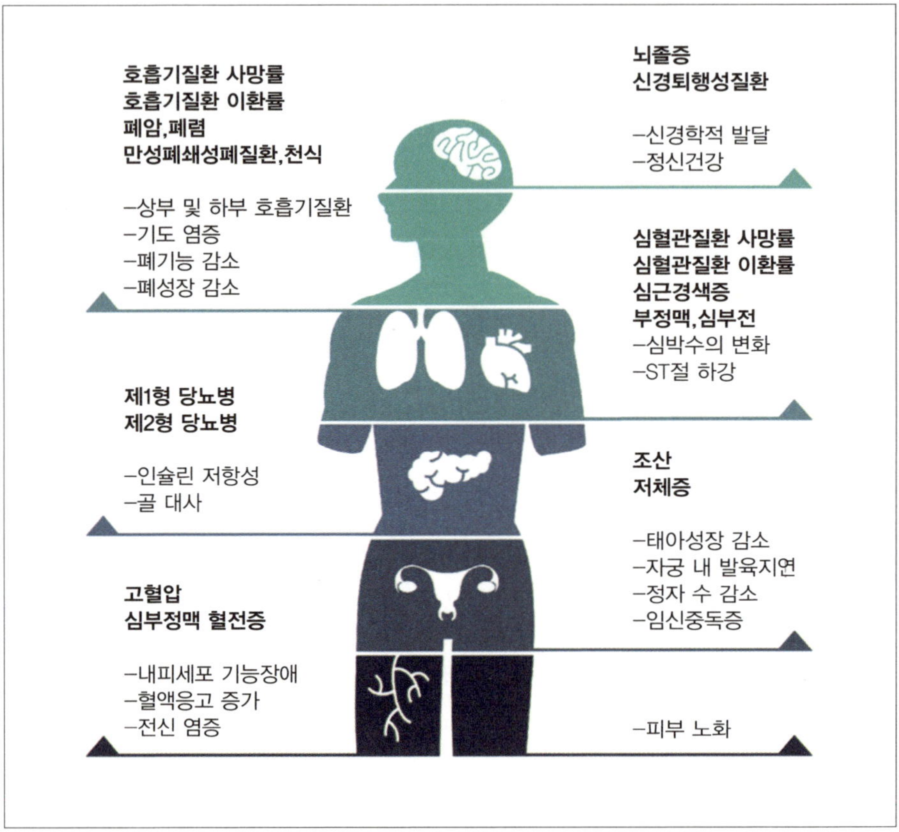

그림 74 미세먼지 노출 시 건강영향: 질병 및 사망발생의 생리학적 경로

[출처] 질병관리본부(Pope와 Dockery가 작성(2006))

Cancer, IARC)에서 발표한 자료에 따르면, 공기 오염물질을 발암 정도에 따라 1군, 2A군, 2B군, 3군, 4군으로 분류한다. 1군 발암물질이란 수많은 시험분석을 통해 사람에게 암을 유발시킬 근거가 충분한 물질을 말한다. 표 14를 보면 1군 발암물질로 분류된 것은 미세먼지를 포함하여 포름알데히드, 벤젠, 석면, 라돈, 에탄올, 디젤엔진의 배기가스 등 120여 종인데, 담배 연기도 1급 발암물질에 속한다. 미세

표 14 WHO의 발암물질 분류기준에 따른 대기오염물질 분류

구분	암 유발여부	해당물질
1군	사람에게 암을 유발하는 물질로 인체 발암성에 대한 증거가 충분	미세먼지, 포름알데히드, 벤젠, 석면, 가공육, 에탄올(주류), 디젤엔진 배기가스 등 120종
2A군	사람에게 암을 유발하는 것으로 추정되는 물질로 증거가 제한적이며 동물 발암성 증거가 충분	DDT, 질산염, 말라리아, 아크릴아미드 등 82종
2B군	사람에게 암을 유발할 가능성이 있는 물질로 증거가 제한적이며 동물 발암성 증거가 불충분	전자파, 휘발유 엔진 배기가스 등 311종
3군	사람에게 암을 유발하는지 여부를 판단할 수 없는 물질로 증거가 부적절하고 동물 발암성 증거가 불충분	불소, 마테차 등 499종
4군	사람에게 암을 유발하지 않는 것으로 생각되는 물질	카프로락탐 등 1종

먼지가 1급 발암물질인 이유는 입자의 크기가 작아서 호흡에 의해 몸속으로 침투하여 장기 내부에 침착되어 각종 질환을 유발시킬 수 있기 때문이다.

미세먼지로 인한 인체영향 평가 지표로서 DALY

장애보정손실년수(Disability-Adjusted Life Year, DALY)는 질병 등의 장애로 인해 일상생활을 할 수 없거나 조기에 사망할 경우, 건강

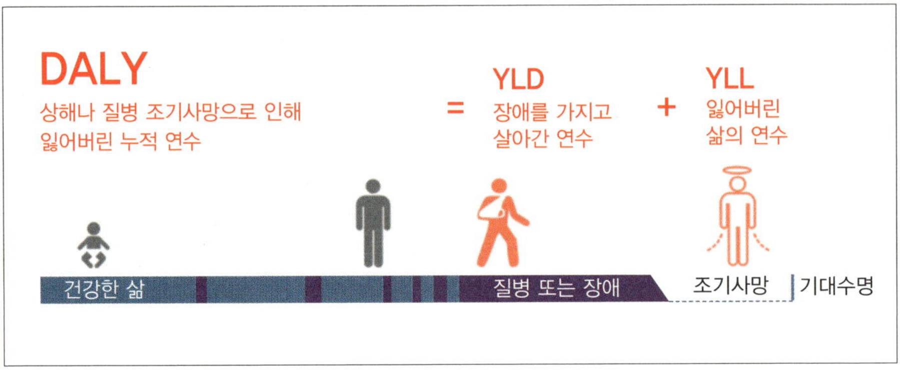

그림 75 DALY의 개념도

하게 살았을 때의 기대수명을 어느 정도 손실하느냐를 표현한 단위이다. DALY는 장애를 가지고 살아간 연수(Years Lived with Disability, YLD)와 조기사망에 따른 손실 연수(Years of Life Lost, YLL)의 합이다. 다음의 예제를 활용하여 DALY를 계산해 보자.

우리나라의 평균수명은 80세이다. 직장인 A씨는 고혈압으로 인해 50살부터 70살까지 제대로 일을 못하고 70살에 조기 사망했다고 가정하자.

▶▶ 장애를 가지고 살아난 연수(YLD): 20년
조기사망에 따른 손실 연수(YLL): 10년

▶▶ 30DALY

실제로 미국 워싱턴대 건강측정 · 평가연구소(Institute for Health Metrics and Evaluation, IHME)의 연구결과를 보면 $PM_{2.5}$로 인한 전 세계의 사망자는 1990년에 약 350만 명에서 2000년에 380만 명,

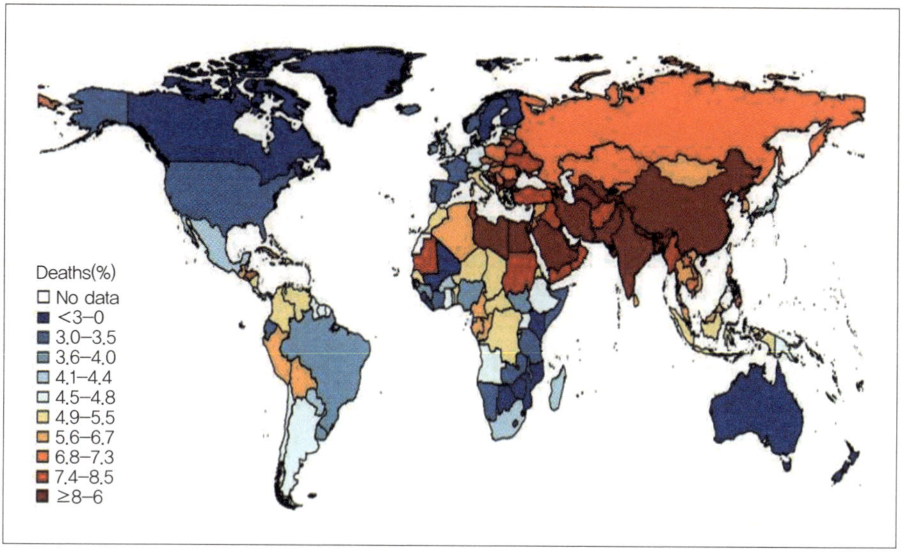

그림 76 미세먼지로 인한 전 세계의 사망자 분포

[출처] 미국 워싱턴대 건강측정 · 평가연구소(IHME, 2015)

2015년에 420만 명으로 증가하였다. 이를 DALY의 관점에서 보면, 2015년에 $PM_{2.5}$로 인한 DALY는 103.1million DALY로 전 세계 사망의 7.6%를 차지하였으며, 장애년수를 포함한 총 DALY의 4.2%를 기여했다.

그림 76은 미세먼지로 인한 전 세계 사망자 분포를 나타낸 것인데, 이에 따르면 중국과 동남아시아와 서남아시아 지역이 가장 심각한 것으로 나타났으며, 다음으로 러시아 지역 일대이었다. 우리나라도 4.9~5.5%의 사망률이 나오는 국가들에 포함된 것을 볼 수 있다.

표 15 대기오염물질별 $PM_{2.5}$ 상응인자

대기 오염물질	단위	$PM_{2.5}$ 상응인자
$PM_{2.5}$	$PM_{2.5}$/kg	1.00
NH_3	$PM_{2.5}$/kg	0.24
NO_x	$PM_{2.5}$/kg	0.11
SO_2	$PM_{2.5}$/kg	0.29

미세먼지 발자국 산정

네덜란드의 국립보건환경연구소(National Institute for Public Health and Environment, RIVM)에서 2016년에 발간한 환경영향평가 보고서인 ReCiPe 2016은 대기오염물질이 호흡기질환에 미치는 영향을 상응인자 지수로 제시하였다. 이에 따르면 $PM_{2.5}$가 호흡기질환에 미치는 영향을 '1'로 볼 때, 암모니아는 '0.24', 질소산화물은 '0.11', 황산화물은 '0.29'이다. 여기서 암모니아 '0.24'의 의미는 대기 중으로 배출된 암모니아의 24%가 $PM_{2.5}$라는 것을 의미한다. 즉, 먼지 발자국(Dust Footprint, DF)은 *i* 대기오염물질의 발생량(PMi)과 *i* 미세먼지의 호흡기질환에 미치는 상응인자를 곱하여 얻는다. 미세먼지 발자국은 사람이 흡입을 통하여 $PM_{2.5}$를 섭취하는 양을 의미한다. 즉, $PM_{2.5}$를 많이 섭취할수록 호흡기질환이 발생할 가능성이 커진다고 할 수 있다.

다음으로 인간이 흡입한 $PM_{2.5}$의 양이 호흡기질환에 따른 영향으로 발병할 가능성을 DALY로 표현하기 위하여 발병 가능성 지수인

'0.0001'을 곱하여 DALY를 얻는다. 여기서 '0.0001'의 의미는 $PM_{2.5}$ 1kg을 흡입할 경우에 DALY가 1만분의 1 만큼이 줄어든다는 것을 의미한다.

(1) $DF = \Sigma(PM_i \times MCF_i)$

(2) $DALY_{DF} = (DF \times ECF)$

- DF: 미세먼지 종류별 발생량을 $PM_{2.5}$ 기준으로 환산한 결과
- DALY: $PM_{2.5}$ 기준으로 환산한 결과를 DALY로 전환한 결과
- PM_i: i 미세먼지
- MCF_i: i 미세먼지 $PM_{2.5}$ 전환지수
- ECF: 1kg $PM_{2.5}$의 흡입에 따른 DALY 지수

02>>

생활 속의 먼지발자국

미세먼지는 석탄발전이 수력발전보다 최대 87배 더 배출

가정에서 가전제품을 사용하고 공장의 기계를 가동하기 위해서 반드시 필요한 전기는 일상생활에서 가장 필요로 하는 에너지원이다. 그런데 바로 이 전기를 생산하는 발전과정이 미세먼지 발생의 주범 중의 하나이다. 일반적으로 전기를 생산하는 에너지원은 석탄과 석유, 천연가스 등의 화석연료와 수력, 원자력, 목재와 같은 바이오매스가 있고, 최근에는 신재생에너지원인 태양광과 풍력도 사용된다. 그런데, 서로 다른 에너지원을 사용하여 전기를 생산 과정에서 발생하는 미세먼지 양이 서로 다르다는 것을 알고 있는가? 실제로 스위스 에코인벤트(Eco-Invent) 데이터베이스를 활용하여 에너지원별로 미세먼지 발생량을 분석해 본 결과는 다음과 같다.

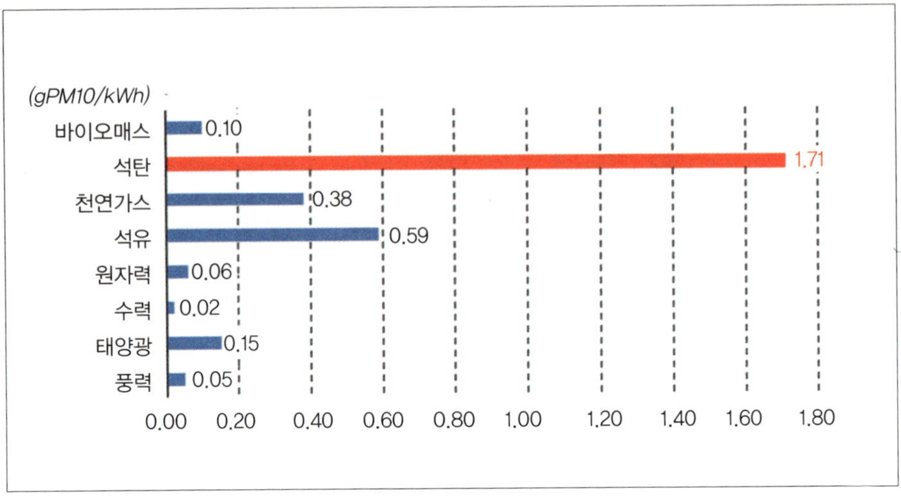

그림 77 전력 발전원별 kWh당 PM_{10} 미세먼지 발생량 비교

[출처] 스위스 Eco-Invent 데이터 (2010)

PM_{10} 발생량이 가장 많은 에너지원은 석탄으로 1kWh 발전당 1.71g 발생하고, 두 번째로 배출량이 많은 에너지원은 석유로 1kWh당 0.59g이 발생하여 석탄발전의 34.5% 수준이며, 천연가스 발전은 1kWh당 0.38g이 발생하여 세 번째를 차지했다. PM_{10} 발생량이 가장 적은 에너지원은 수력으로 1kWh당 0.02g이 배출되는데 이는 석탄발전의 1.2% 수준이다. PM_{10} 발생량이 네 번째로 많이 에너지원은 태양광 발전으로 1kWh당 0.15g이 배출되는데, 이는 바이오매스 발전보다 50% 높은 수준이다. 태양광 발전의 PM_{10} 발생량이 높은 이유는 태양광 발전의 주요 원료인 태양광 패널을 제조하는 과정에서 매우 많은 전력을 소비하기 때문이다.

2017년도에 우리나라의 에너지원별 발전비율을 보면 석탄화력이 가장 많은 43.1%이고, 다음으로 원자력발전 26.8%, 가스발전

22.2%, 신재생에너지 발전(태양광 및 풍력 포함) 5.6%, 유류발전 1.5%, 수력발전 0.8%이다. 이 중에서 미세먼지 발생량이 월등히 많은 석탄화력 발전의 비중이 가장 높은 우리나라는 발전에 따른 미세먼지 발생량이 높을 수밖에 없는 구조이다. 즉, 미세먼지 발생량 순위가 1위와 2위인 석탄과 가스발전의 비중이 65.3%를 차지하는 것은 미세먼지 발생의 측면에서 볼 때 큰 문제이다. 더욱이 우리나라의 연도별 화력발전 비중을 보면 2015년 63.7%, 2016년 63.7%, 2017년 66.8%로 증가추세이기 때문에 당분간 우리나라 내부에서 발생한 미세먼지의 총량을 줄이기는 힘들다고 본다.

스틸캔의 미세먼지 발생량이 유리병의 2배 이상

점심을 먹고 나면 어김없이 플라스틱 용기에 아이스커피를 사먹고 버린다. 또한 퇴근 후 운동 후에 갈증을 해소하기 위해 PET 용기에 담긴 스포츠 음료를 마신다. 자가 운전자들은 휴게소에서 캔커피 음료를 사서 먹는다. 과로로 피곤할 때는 병에 든 건강음료를 마신다. 이것이 우리들의 일상적인 생활 패턴이다. 그런데, 우리가 무심코 먹고 버리는 일회용 용기를 제조하는 과정에서도 미세먼지가 발생한다.

미세먼지를 가장 많이 배출하는 용기는 스틸캔이고, 다음으로는 고급 상품포장지, PET 용기, 종이박스, 유리병 순이다. 놀라운 것은 선물 포장지로 사용되는 고급 포장지의 제조과정에서 발생하는 미세먼

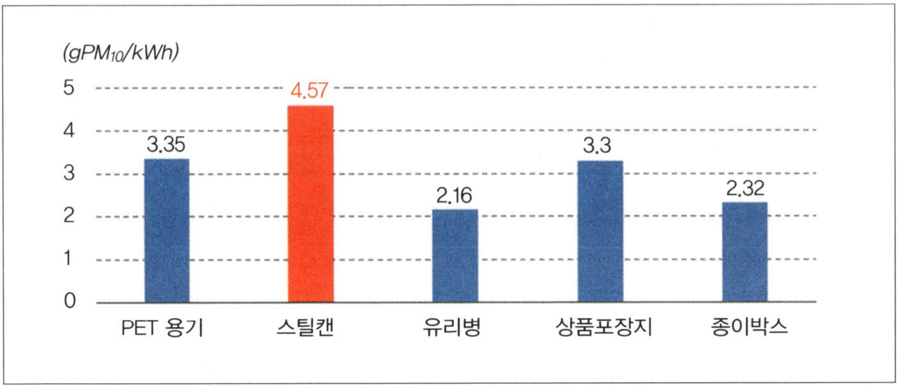

그림 78 포장용기 kg당 PM_{10} 미세먼지 발생량 비교

[출처] 스위스 Eco-Invent 데이터 (2010)

지가 스틸캔의 72% 수준이며, 유리병의 제조과정에서 발생한 미세먼지가 스틸캔의 47%이라는 것이다. 유리병의 제조과정에서 미세먼지 발생량이 적은 이유는 유리병 제조과정에서 원료 중에서 파유리의 비율이 높기 때문이다.

걱정스러운 것은 우리사회를 보면 맞벌이 부부의 가구비율이 증가하고 있고, 스마트폰의 생활화로 오프라인 마켓보다는 온라인 마켓을 활용하여 간편하게 장을 보고 배달서비스를 이용하는 비중이 갈수록 늘어나고 있다는 점이다. 특히 배달물품 중에서 신선식품의 비중이 늘어나고 있어 당분간은 포장폐기물의 발생량은 기하급수적으로 늘어날 것으로 전망된다. 이처럼 늘어나는 포장용기를 만드는 과정에서 미세먼지 발생량은 갈수록 늘어날 것이다. 바쁜 현대인이 휴대폰을 활용하여 쉽게 간편하게 서비스를 이용하는 것은 당연하다. 하지만 이 과정에서 온실가스와 미세먼지 발생량은 갈수록 증가한다. 미세먼지를 줄이기 위해서는 간편한 서비스 이용을 줄여야 하고, 그렇게 되면 시간을 내서 힘들게 일을 해야 하기 때문에 틀림없이 일장일단이 있는 것은 사실이다.

자동차 종류별로 미세먼지를 얼마나 배출하나?

자동차는 일상생활에서 없어서는 안 되는 필수품이 되었지만, 봄철에 찾아오는 불청객인 미세먼지의 대표적인 주범 중의 하나이다. 브뤼셀 자유대학교(Vrije University Brussel)는 자동차 종류별로 1㎞ 주행당 미세먼지 배출량을 분석한 연구를 수행한 바가 있다. 비교대상 자동차는 휘발유와 경유, LPG(액화석유가스), CNG(압축천연가스), BG(바이오가스) 자동차와 3종의 전기자동차이다. 여기서 3종의 전기자동차는 배터리에 전기를 충전하여 운행하는 배터리전기자동차(Battery Electric Vehicle, BEV), 일정속도로 움직일 때는 주행 중에 충전된 전기로 운행하고 일정속도 이상일 경우에만 연료를 연소하는 내연기관이 가동되는 방식인 하이브리드 자동차(Hybrid Electric Vehicle, HEV), HEV와 동일하게 전기와 연료를 동시에 사용하는 방식이지만 배터리 용량을 키워 직접 충전할 수 있는 방식을 추가한 플러그인 하이브리드 전기자동차(Plug-in Hybrid Electric Vehicle, PHEV)가 있다.

그림 79에 따라 PM_{10} 배출량이 높은 순서대로 열거해 보면, 디젤자동차가 가장 높고 다음으로 휘발유자동차, 하이브리드자동차, 바이

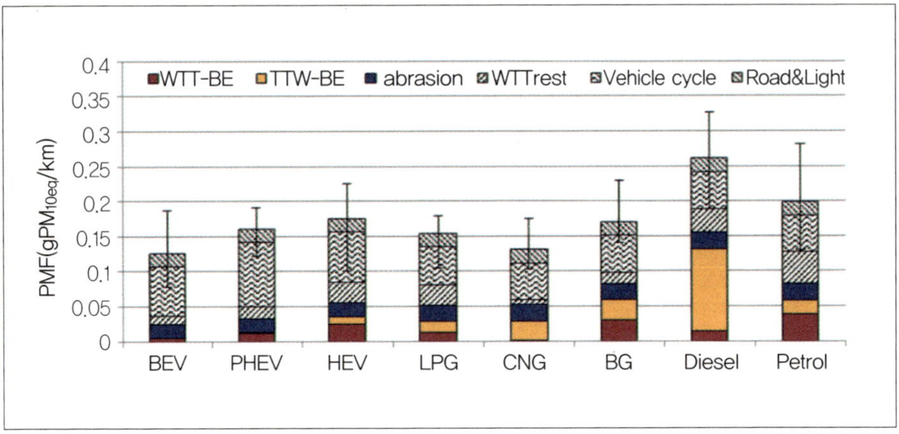

그림 79 자동차 기술별 미세먼지 발자국 비교

[출처] Joeri V.B., et al. (2017)

[설명] WTT(Well to Tank, 원유를 채취하여 정제한 후에 주유소로 보내는 과정에서의 미세먼지 발생량), TTW (Tank to Whell, 주유소에서 주유한 후에 자동차를 운행하는 과정에서의 미세먼지 발생량), Abrasion(주행중 마모), Vehicle cycle(주행과정), Road&Lights(도로와 가로등), BE(벨기에 역내), rest(벨기에 국외)

오가스자동차, 플러그인하이브리드자동차, LPG자동차, CNG자동차, 배터리전기자동차 순이다. 배출량이 가장 높은 디젤자동차는 1㎞ 당 0.27g의 PM_{10}이 발생하는데, 이는 배출량이 가장 적은 BEV의 1㎞ 주행 당 0.13g이 배출되는 것의 두 배가 넘는 수준이다. 온실가스를 줄일 수 있는 미래형 자동차로 3종의 전기자동차가 각광을 받고 있는데, 본 연구결과로 볼 때 BEV를 제외하고 PHEV 및 HEV는 미세먼지 감축 효과는 미미한 것으로 보인다.

그림 80 '맑은숨' 인증도안

실내공기 우수시설 인증

2014년에 WHO는 실외 공기오염에 의한 사망자는 전 세계적으로 매년 약 370만 명인데, 실내 공기오염으로 인한 사망자는 430만 명으로 실외 공기오염보다 높다고 발표하였다. 특히 일반인이 일상 생활의 80% 이상을 실내에서 보내고 있는데, 그 비중은 매년 증가하고 있어서 실내 공기 질을 관리하는 것이 매우 중요하다는 취지이다.

이에 따라 환경부는 2018년 4월부터 국민들이 많이 이용하는 다중이용시설에서 국민의 건강보호와 환경 위해요인의 예방을 위하여 다중이용시설 소유자의 자율적인 실내 공기 질 관리를 유도하고자 「실내 공기 질 관리법 시행령」 제5조에 따른 실내공기 우수시설 인증제도를 운영하고 있다. 인증기준은 환경부 고시 제2018-57호(2018.4.17)로 제정하여 공개하고 있다.

현재는 시범인증 단계에 있으며, 실내 공기 질을 좌우하는 오염원인 건축자재의 사용 및 환기관리, 온습도 관리, 미세먼지 관리 등에 대한 검토 및 두 차례에 걸친 실내공기질 측정을 통해 인증여부를 결정한다. 인증을 취득한 시설에는 '맑은숨' 인증을 수여한다. 인증제도를 운영하는 한국환경산업기술원의 관련 홈페이지에 들어가면 다중시설의 용도에 따라 보육아동복지시설과 PC방, 도서관 및 독서실, 노인요양시설, 산후조리원 등 5대 시설에 대한 실내공기질 관리 매뉴얼이 개발되어 제공되고 있다. 여기에는 각 시설별로 실내공기를 오염시키는 발생원 및 관리방안을 일목요연하게 서술하고 있다.

비 흡연 여성의
폐암 발병률 증가원인이 요리?

2016년에 미세먼지로 인한 영향이 심각할 때, 우리 사회에서는 고등어구이가 가정에서 미세먼지 발생의 주범이라는 뉴스가 화재였다. 이에 환경부는 가정에서 요리할 때 미세먼지가 얼마나 발생하는지 분석하였다. 85㎡ 공동주택을 기준으로 밀폐된 공간에서 실험한 결과, 고등어구이를 할 때 $PM_{2.5}$의 농도가 최대 2,290㎍/㎥를 기록하여 가장 높았으며, 그 뒤를 이어 삼겹살구이 1,360㎍/㎥, 계란프라이 1,130㎍/㎥, 볶음밥 183㎍/㎥ 순이다. 주지할 것은 모든 요리에서 발생한 미세먼지가 대기 중 $PM_{2.5}$의 연평균 기준치인 25㎍/㎥보다는 당연히 높고, 대기 중 PM_{10} 주의보 기준치인 90㎍/㎥도 초과하였다는 점이다. 특히 미세먼지의 발생원이 환기가 잘 되지 않는 실내 주방이

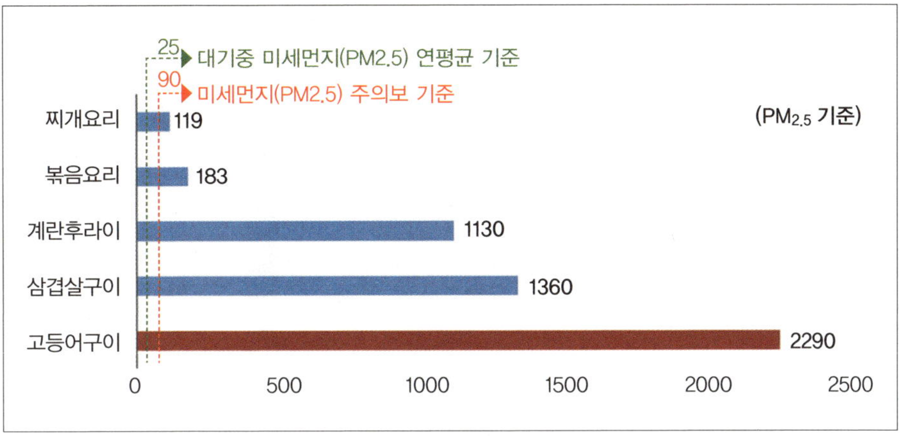

그림 81 요리방법별 $PM_{2.5}$ 방출량 비교

[출처] 환경부 보도자료(2016)

기 때문에 요리하는 주부들이 호흡을 통해 다량의 미세먼지를 흡입할 수 있어 주의할 필요가 있다. 이에 따라 환경부는 요리할 때 환기가 잘 되도록 창문을 열어 두고 주방 환기구를 가동한 상태에서 요리를 하도록 권장하고 있다.

주방에서 요리할 때 발생하는 대기오염물질은 미세먼지, 포름알데히드, 휘발성유기화합물, 일산화탄소, 이산화질소, 블랙카본 등이다. 이 중 미세먼지와 포름알데히드, 휘발성유기화합물의 일종인 벤젠, 톨루엔, 자일렌은 WHO에서 1급 발암물질로 규정한 물질이기 때문에 요리 시에 실내 환기조건을 만드는 것이 매우 중요하다.

그림 82를 보면 조리 전에 비해 조리과정에서 대기오염물질의 농도가 급격히 증가하는 것을 확인할 수 있다. 특히 미세먼지의 농도는 조리 전에 비해 최대 22배까지 증가하였다. 또한 1급 발암물질인 포름알데히드의 발생농도도 조리 전에 비해 조리 후가 2배 정도 늘어난 것

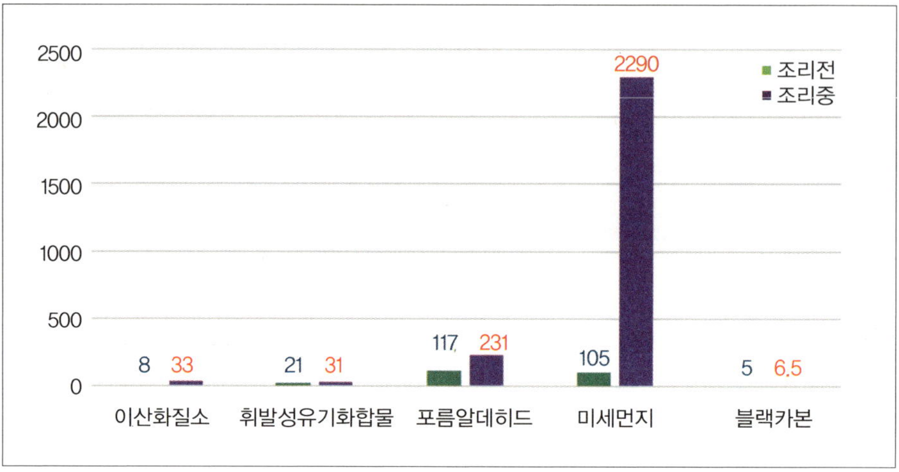

그림 82 고등어구이 시 발생한 대기오염물질별 농도(㎍/㎥)

[출처] 환경부 보도자료(2016)

을 확인할 수 있다. 따라서 조리 과정에서는 다소 불편하더라도 가급적 마스크를 쓰는 것이 건강에 도움이 된다고 전문가들은 조언을 하고 있다.

진공청소기가 실내 미세먼지 감소에 효과가 있는가?

이젠 가정에서 진공청소기는 필수 가전제품이다. 최근에 판매되는 진공청소기는 흡입력이 높아 미세한 먼지까지도 빨아들이기 때문에 먼지 제거에 효과적이라고 보고 있다. 하지만 실내에서 진공청소기를 사용하는 것이 미세먼지 감소에 실질적인 효과가 있는가? 이런 궁금증을 해소하고자 국내 A 인터넷 유통사에서 실시한 조사결과를 소개한다.

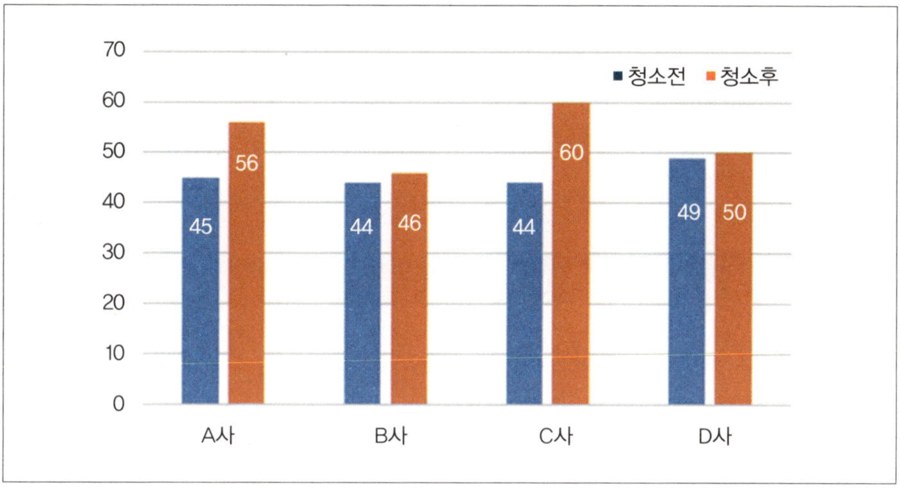

그림 83 진공청소기 가동 전후의 미세먼지 농도 비교

[출처] 국내 A 인터넷 유통사

시중에서 판매되는 4종의 무선 진공청소기를 대상으로 15.6㎡(4.6평형)의 밀폐된 실내에서 진공청소기를 가동 전에 실내를 환기하고 난 후에 실내 미세먼지 농도를 1차 측정한다. 이후 시중에서 판매되는 가장 미세한 분말상태의 밀가루 박력분(약 직경 25㎛ 이하) 50g을 방바닥에 뿌리고 무선 진공청소기를 가동하여 청소한 후에 2차로 실내의 미세먼지 농도를 측정하고 1차 결과와 비교하였다. 그 결과, 조사대상 4개 사의 모든 진공청소기 제품에서 청소 전보다 청소 후에 실내 미세먼지 농도가 증가하였다. 물론 먼지 대신에 미세한 밀가루 박력분을 흡입하는 극단적인 상황을 가정하여 실험을 했지만 진공청소기를 가동하는 동안에 밀가루를 완전히 제거하지 못하고 공기가 나오는 과정에서 세어나오기 때문에 실내의 미세먼지 농도가 증가한 것이다. 따라서 전문가는 청소할 때, 물걸레 청소기로 먼저 먼지를 닦은 후에 진공청소기를 가동하는 것이 실내 미세먼지 제거에 효과적이며, 청소기도 흡입력과 여과력이 우수한 제품을 선택하는 것이 좋다고 조언한다.

실내에서 향초를 사용하면 미세먼지가 줄어드는가?

과거에는 전등을 켤 수 없는 가정에서 양초를 사용했고, 갑작스런 정전으로 실내에 조명이 필요할 때 양초를 사용했다. 그러나 시대가 발전하면서 전국 방방곡곡에 전기가 안 들어가는 가정이 없고, 정전도 일어나는 사례가 거의 없어서 양초를 사용할 기회가 별로 없다. 하지만 최근에 양초가 다시 각광을 받고 있다. 힐링 열풍과 맞물려 집안에 밴 냄새를 잡아주고, 아늑한 실내분위기를 연출할 수 있으며, 실내 장식용으로도 활용할 수 있어 젊은 층으로부터 양초의 일종인 향초가 애용된다. 실제로 한국소비자원에서 2017년 8월에 국내 20~30대 여성 1000명을 대상으로 설문조사를 한 결과, 54.0%가 공간 향 제품으로 향초를 사용하고 있다고 하였으며, 사용하는 이유로는 71.9%가 탈취 효과, 55.0%가 기분 전환, 28.0%가 아로마 테라피 효과, 21.1%가 실내 인테리어 소품용이라고 하였다.

그런데 향초의 주성분은 석유에서 추출한 파라핀 왁스인데, 연소과정에서 좋은 향을 내기 위해 향초를 제조하는 과정에 아로마 오일 등 다양한 향료가 첨가된다. 그래서 향초를 연소하는 과정에서 좋은 향기도 나지만 인체에 유해한 대기오염물질도 발생한다.

그림 84 **향초와 미세먼지 영향**

[출처] 대한민국 정부(생활 속 미세먼지를 찾아서)

영국 요크대에서 향초를 사용하는 가정의 실내 공기를 조사한 결과를 소개한다. 향초를 연소하면 벤젠, 리모넨 등의 대기오염물질이 검출되는데, 벤젠은 1급 발암물질이고 리모넨은 공기 중으로 방출되어 오존과 반응하여 1급 발암물질인 포름알데히드를 생성시키는 전구물질로 알려진다. 이에 영국에서는 향초를 비롯한 연소성 방향제의 안전한 사용을 위하여 제품의 표지에 관련 정보를 표시하도록 하고 있다. 유럽연합에서는 유해물질이 검출되거나 연소 시 유해물질이 방출되는 향초를 리콜 조치를 한 바가 있다. 프랑스는 향초와 같은 방향제가 발암성 유해물질이 방출되어 인체건강을 해칠 우려가 크기 때문에 사용금지 법안을 마련할 계획이다. 우리나라도 향초 등 방향제 제품을 위해우려제품으로 지정하여 제품에 안전 · 표시기준을 준수하도록 하고 있다.

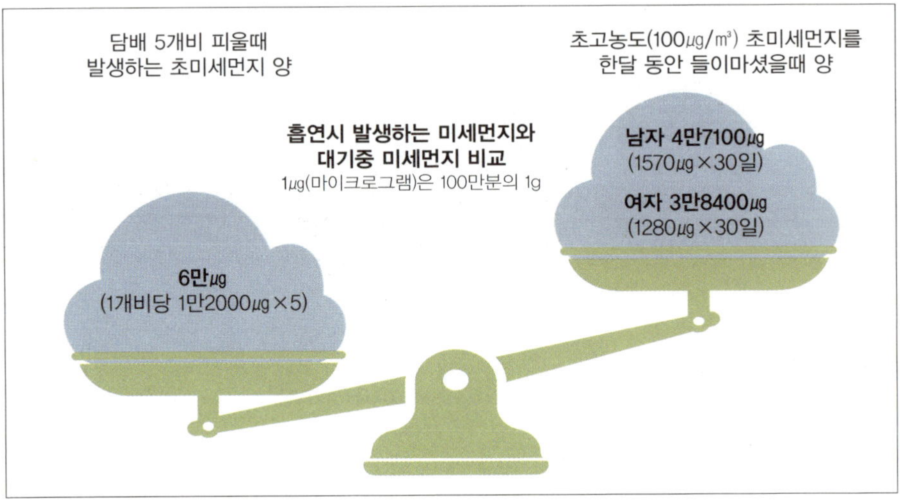

그림 85 흡연시 발생하는 미세먼지와 대기 중 미세먼지 비교

흡연 시, 나쁨 단계 $PM_{2.5}$ 농도의 최대 83배 흡입

2018년 7월에 동아일보는 흡연으로 인한 미세먼지 흡입량이 얼마나 큰지를 보여주는 실험결과를 보도하였다. 흡연 시 발생한 미세먼지는 $PM_{1.0}$으로 초미세먼지라고 불리는 $PM_{2.5}$보다 입자크기가 훨씬 작기 때문에 인체 더 깊숙한 곳까지 침투할 수 있어 그만큼 더 해롭다. 실험결과 흡연 시 담배연기는 순간 최대농도가 3000㎍/㎥까지 치솟아 실외에서 나쁨 단계의 $PM_{2.5}$ 농도인 36㎍/㎥의 83배에 이르렀다. 학계에서는 담배 한 개피를 흡연하면 12,000㎍을 흡입하는데 만일 하루에 담배 다섯 개피를 흡연한다고 가정하면 계산상으로 최대 60,000㎍를 흡입한다. 이는 초 고농도인 100㎍/㎥의 $PM_{2.5}$를 성인 남성이 한

달 동안 들이 마셨을 때의 양인 47,100㎍보다 많은 양이다. 한편, 흡연 후에 날숨에서 나오는 미세먼지 농도는 흡연실 공간의 미세먼지 농도보다 높기 때문에 실외에서 흡연한 후에 곧바로 실내로 들어오는 것은 실내 미세먼지의 농도를 높일 수 있기 때문에 흡연 후에 5분 이상 실외에서 머물다 실내로 들어오는 것이 에티켓이다.

Chapter 06

생활안전과 화학발자국

01 >>

화학발자국이란 무엇인가?

화학물질 정의와 특성

화학물질(chemical)이란 원소 · 화합물 및 그에 인위적인 반응을 일으켜 얻어진 물질과 자연 상태에서 존재하는 물질을 화학적으로 변형시키거나 추출 또는 정제한 것을 말한다. 화학물질은 산소, 수소 등 111종의 원소로 구성되어 있으며, 모든 생물과 물체는 화학물질로 이루어져 있다. 화학물질은 물질을 이루고 있는 성분 중에 탄소(C)가 있느냐에 따라 유기물(organic material)과 무기물(inorganic material)로 나뉜다. 유기물은 모든 생명체의 기원이 되는 탄소를 중심으로 산소와 수소, 질소로 이뤄졌고, 무기물은 흙, 광물, 금속에 포함된 철, 마그네슘, 아연과 같은 물질을 말한다.

모든 화학물질은 원소 간 화학결합의 차이에 따라 색상, 끓는점, 녹는점, 점도, 밀도와 같은 고유한 물리화학적 특성을 가진다. 화학물질은 어느 정도의 유해성을 가지고 있지만 화학물질이 가지고 있는 고유한 특성을 잘 조합하여 우리 실생활에서 다양한 용도로 사용된다. 먼저 화학물질은 가공정도에 따라 강철과 같이 단단하고 견고한 제품을 만드는데 활용된다. 실제로 고강도 탄소섬유가 개발되어 철강소재를 대체하고 있다. 또한 화학물질은 가벼워서 강철이 가지는 단점인 무겁다는 점을 대체한다. 화학물질은 발화점이 낮아 쉽게 불이 붙기 때문에 연료로 사용될 수 있는데 휘발유와 경유, 등유 등이 그것이다. 일부 화학물질은 다른 화학물질과 결합하여 화학제품을 말랑말랑하게 만들거나 신축성 있게 만든다. 이런 특성을 이용하여 지우개와 같이 실생활에 유용한 다양한 제품을 제조한다. 또한 본드와 같이 강한 접착력을 가지고 있어서 서로 다른 물질을 붙이는데 활용되고, 계면활성제와 같은 일부 화학물질은 다공성의 흡착력이 있어서 세제와 같은 세척제로도 널리 활용된다.

모든 화학물질은 독성이 있다

우리들은 자연에서 생성된 천연 화학물질은 우리 몸에 해가 되지 않아 좋지만 화학적으로 합성한 물질은 유해성을 가질 거라는 생각을 가지고 있다. 하지만 모든 화학물질은 근본적으로 독성을 가지고 있다. 우리가 호흡하는 산소와 매일 마시는 신선한 물도 독성을 가지고 있다는 것은 놀랍지만 사실이다. 공기 중에 산소의 농도가 너무 높으면 호흡이 곤란하여 심하면 폐 조직을 망가트리는 원인이 된다. 또한 물을 지나치게 많이 섭취하면 물 중독증을 유발할 수도 있다.

이런 생각을 갖고 화학물질을 본다면 화학물질을 너무 남용하여 사용하거나 접촉을 늘리는 것을 꺼리게 된다. 실제로 설거지를 할 때 고무장갑을 끼고 하는 것은 세제에 들어있는 유해 화학성분이 피부에 노출되어 몸속으로 침투함으로써 어떤 독성영향을 줄지 모르기 때문이다.

그렇다면 물티슈는 어떤가? 공장에서 물티슈를 제조하여 유통하는 동안에 수분이 썩지 않고 촉촉한 상태로 유지되는 이유는 살균제와 보존제를 함유한 방부제가 들어있기 때문이다. 모든 화학물질이 독성을 가지고 있다고 생각해 보면 물티슈로 얼굴을 닦거나 식탁을 닦는 우를 범하지 않을 것이다. 기저귀를 차고 있는 유아의 대소변을 닦는 과정에서 기존의 물티슈가 아이의 피부에 접촉하여 피부 트러블을 일으킬 수 있어서 아이 부모들은 화학방부제 대신 천연원료로 대체된 물티슈를 시장에서 앞다퉈 구매하여 사용하고 있지만, 천연성분도 과하게 사용하면 독성을 일으킬 수 있다는 점을 알고 있어야 한다.

피톤치드도 독성이 있다

도시생활에 찌들어 상쾌한 공기를 마시고 싶거나 몸이 피곤할 때 삼림욕을 즐기는 현대인이 늘어나고 있다. 삼림욕을 즐기는 이유는 삼림욕을 하는 가운데 마시는 공기 속에 나무에서 나오는 독특한 향기인 피톤치드와 음이온이 있어서 기분이 좋아지기 때문이다.

'피톤치드(phytoncide)'라는 단어의 어원을 풀이해보면 라틴어의 '식물'이라는 'phyto'와 '죽이다'라는 접미어인 '-cide'의 합성어로 대부분의 식물이 미생물이나 해충으로부터 자신을 보호하기 위해 내뿜는 휘발성 물질로 절대로 인공적으로 합성할 수 없는 천연물질이라는 점에서 인기가 높다. 실제로 대부분 식물들은 자신을 보호하기 위해 수없이 많은 종류의 피톤치드를 뿜어낸다. 우리가 먹는 음식이나 식재료 중에서도 향신재와 같은 피톤치드를 발산한다. 실제로 피톤치드를 발산하는 것은 식물에게는 상당히 부담이 될 수 있는데도 자신을 보호하기 위해 어쩔 수 없이 하는 행동일 수 있다.

식물이 피톤치드를 내뿜는 이유가 단지 병원균이나 해충을 막기 위함일까? 우리 인간으로부터 자신을 보호하기 위함은 없을까? 이런 생각을 한다면 피톤치드가 인간에게 반드시 이로운 것은 아닐 수 있다는 것이다. 따라서 산림욕이 반드시 인간에게 이롭기만 한 것은 아닐 수 있다.

음이온이 정말 건강에 좋은가?

각종 매스컴에서 음이온은 우리 몸의 긴장을 완화시켜주고, 신진대사를 촉진시키며, 항산화 작용을 하며, 혈액 정화작용, 면역력 증진, 통증 완화작용 등 만병통치의 효능이 있다고 소개한다. 음이온에 대한 효능이 알려지면서 실생활에서 음이온을 활용한 다양한 제품이 출시되면 불티나게 팔린다. 실제로 통계청에 따르면 음이온 관련 특허는 무려 5855건에 이른다고 한다. 이처럼 우리 사회는 음이온 쓰나미에 빠져들었다고 해도 과언이 아니다.

그런데, 정말로 음이온이 건강에 좋은가? 음이온이 건강에 좋다는 속설은 일본에서 실험한 결과가 알려지면서부터 퍼지기 시작했다. 밀폐된 공간에 있는 사람에게 양이온과 음이온을 지속적으로 공급해주고 인체의 변화를 측정한 결과, 양이온이 많아지면 혈액순환에 지장이 생겨 체온이 떨어졌지만, 음이온 발생을 늘리면 혈액순환이 활발해져서 체온이 올라갔다는 것이다. 그런데, 화학적으로 볼 때 이온상태로 존재하는 물질은 불안정하여 빨리 화학결합을 통해 안정한 화합물로 돌아가고자 하는 성질이 있다. 즉, 음이온은 대기 중의 양이온을 만나서 중성상태로 돌아가고자 한다. 흡사 싱글인 남자와 여자가 결혼을 통해 결합하고자 하는 것과 같다. 실제로 자연상태의 깨끗한 공기에는 음이온이 약간 많던지 양이온과 음이온이 거의 평형을 이루고 있다. 하지만 사람들이 사무실에서 바쁘게 일을 하면서 사무공간 내에 담배연기와 전자파, 분진 등 양이온이 늘어나면 직장인의 머리가 아플 수 있다. 이때 우리는 공기가 탁하고 답답하다고 느낀다. 사무공간에 음이온을 공급하면 공기 중의 양이온과 결합하여 중성화가 되면서 냄새가 없어지고 공기가 깨끗해진다. 이처럼 대기 중의 음이온은 거의 이온상태로 존재하지 않고 양이온과 결합하여 중성화된다.

우리가 음이온에 노출되면 상쾌함을 느끼고 기분이 좋아진다고 느끼는데, 이는 엄밀히 말해서 음이온 효과가 아니라 오존 때문이다. 공기청정기와 에어컨 등 음이온이 나오는 대부분 제품은 오존을 발산한다. 오존은 반응성이 강하고 화학적으로 산화력에 따른 살균력이 뛰어나 식기 소독기에서 사용되고, 세균을 죽이며 냄새를 없애는 기능이 있다. 그런데 실내에 오존 농도가 높아지면 호흡기나 피부, 눈에 악영향을 줄 수 있다. 특히 영유아나 노약자에게는 더욱 위험할 수 있다. 앞에서 이야기한 바와 같이 모든 화학물질은 독성을 가지고 있는데, 오존과 같이 살균력이 뛰어나 세균을 죽일 정도면 인체에는 이롭겠는가? 환경부에서 다중이용시설에서 실내 오존농도를 0.06ppm 이하로 권장하는 것도 이런 이유 때문이다.

유해성과 위해성

앞에서 모든 화학물질은 독성을 가지고 있다고 설명했다. 그런데 독성을 세부화해 보면 유해성(有害性, hazard)과 위해성(危害性, risk)으로 나뉜다. 얼핏 듣기에는 두 단어는 동일한 용어로 인식된다. 하지만 두 용어는 전혀 다른 의미를 갖는다. '유해성'이란 한자의 표현대로 말하면 '해로운 성질이 있다.'라는 의미이다. 앞에서 '모든 화학물질은 독성이 있다.'라는 말을 했는데, 이를 다른 말로 하면 '모든 화학물질은 유해하다.'라는 말로 바꿀 수 있다. 화학물질이 해로운 성질을 가지고 있지만 어떻게 사용하느냐에 따라 인체에 해를 미치는 정도는 다를 수 있다. 실제로 화학물질 자체는 유해성이 있지만 적정한 사용규칙을 지키면 전혀 인체에 해롭지 않을 수 있다.

다음으로 '위해성'을 한자로 풀이해보면 '위태로운 해가 되는 성질'이라고 말할 수 있다. 두 단어를 연계해 보면 유해성을 가지고 있는 화학물질에 노출되어 인체에 위해성이 있는 상태이다. 즉, 유해성을 원인이라고 하면 위해성은 결과이다. 만일 화학물질이 전혀 유해성이 없다고 한다면 어떻게 사용하더라도 그 결과는 위해성이 없다. 하지만 모든 화학물질은 유해성이 있기 때문에 정도의 차이는 있지만 위해성이 있기 마련이다. 이를 관계식으로 풀어보면 다음과 같다.

위해성 = 유해성 × 노출량

그림 86은 환경부가 운영하는 생활환경안전정보시스템에 소개된 위해성과 유해성, 노출량 간의 관계를 설명한 것이다. 즉, 커피에 포함된 카페인은 유해성이 낮지만 음용횟수 및 체중, 연령, 카페인 섭취정도에 따라 위해성이 낮을 수도 있고 높을 수도 있다는 것을 설명한다. 유사하게 담배에 포함된 니코틴은 1급 발암물질이지만 음용횟수 및 연령, 담배 종류, 체내흡수율에 따라 위해성의 정도가 달라질 수 있다는 것을 보여준다.

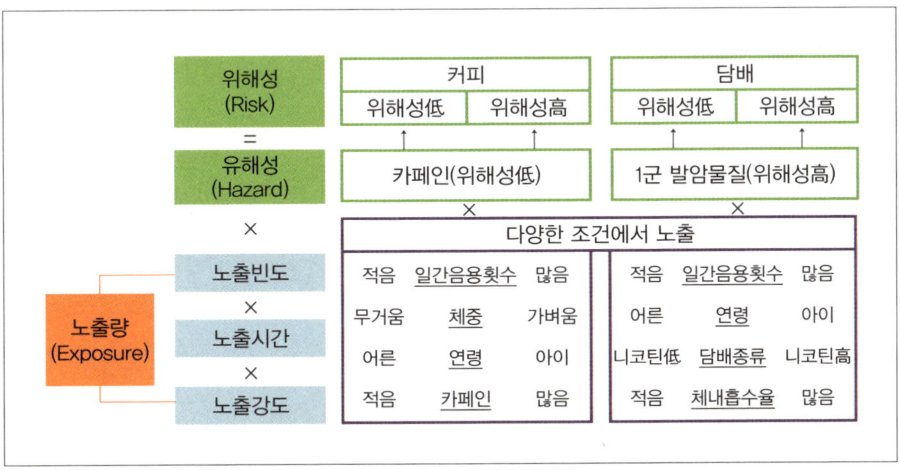

그림 86 **위해성과 유해성, 노출량의 관계**

[출처] 생활환경안전정보시스템 '초록누리'

위 관계식과 같이 위해성은 해당 화학물질이 가지는 고유한 유해성과 인체가 해당 화학물질에 노출된 양을 곱한 값이다. 따라서 아무리 유해성이 큰 화학물질이라도 관리를 잘하여 인체로의 노출량이 적으면 위해성은 낮지만, 유해성이 아주 낮은 화학물질이더라도 지속적으로 노출하면 위해성이 커질 수 있다. 최근에 우리사회를 뜨겁게 달군 가습기 살균제 사건이 바로 그런 예이다. 가습기의 살균용도로 사용한 화학물질은 유해성이 낮아 정부에서 허가를 내준 물질이지만 사용 방법을 충분히 알리지 않아서 어린이 및 노약자에게 지속적으로 노출된 결과 노출량이 커짐과 동시에 위해성이 커져 결국에는 폐 손상을 당하게 되고 심한 환자는 사망에 이르게 됐다.

중간점(mid-point)과 종말점(end-point)

우리는 언론매체를 통해 사람들이 사는 인근의 토지나 호수가 오염되었거나 화학물질에 노출되어 생각지도 않은 각종 질환이 발생한 피해사례를 많이 접한다. 또한 지구가 더워지면서 우리나라 기후도 점점 아열대기후로 변화되어 가고 있다는 뉴스를 듣게 되는데, 보건복지부에서는 지구가 더워지면서 우리가 모르는 새로운 풍토병이 발생할 가능성에 대한 연구가 이미 진행된 바가 있다. 이처럼 인간활동에 따른 악영향으로 인해 최종적으로는 인간에 직접적인 해가 되거나 생태계가 파괴된다.

이상의 설명에서 말한 바와 같이 인간활동에 따라 최종적으로 인간과 생태계에 대한 피해 정도를 표현하는 것은 종말점(end-point) 수준의 평가라고 부른다. 그런데, 인간활동에 따른 인체와 생태계의 피해를 정량적으로 산정하기 위해서는 오랜 시간 동안 추적조사를 해야 한다. 즉, 종말점 수준의 영향평가는 신뢰도가 떨어질 뿐만 아니라 오랜 시간이 소요될 수밖에 없다. 이에 따라 종말점 수준의 영향을 간접적으로 단시간에 상대적으로 신뢰도가 높은 수준인 중간점(mid-point) 수준에서 평가한다. 'LD50'이란 국민건강지표가 있다. 이는 피실험동물에게 어떤 물질을 주입할 때 실험동물의 50%를 죽일 수 있는 몸무게 kg당 물질의 양을 의미하고 반수치사량이라고 부른다. 1 LD50이란 1kg의 피실험동물을 1g으로 50%의 확률로 죽일 수 있는 치사량을 가진 물질이다. 값이 낮을수록 그 물질에 대한 독성이 커지며 위험한 물질이란 것을 의미한다. 이처럼 실제 동물의 사멸 가능성을 LD50이란 지표를 활용하여 간접적으로 예측할 수 있는 것이 중간점 수준의 지표이다.

탄소발자국의 단위는 $kgCO_2$이다. 이는 $kgCO_2$의 값이 커질수록 기후변화에 기여하는 영향이 큼을 의미한다. 즉, 탄소발자국의 지표값을 통해서 기후변화의 심각성을 간접적으로 예측할 수 있다. 따라서 탄소발자국도 기후변화로 인한 영향을 나타내는 중간점 수준의 지표이다. 이해를 돕기 위하여 먼지발자국에서 소개한 DALY란 지표는 장애를 가지고 살아간 연수를 의미하는데, 이것이 일반적으로 많이 사용하는 종말점 수준의 지표이다.

화학물질 관리에서
화학제품 관리로

가습기 살균제 사고는 왜 일어났는가? 앞에서도 설명한 바와 같이 가습기 살균제 사고는 화학물질에 지속적으로 노출되었기 때문이다. 가습기 살균제에 함유된 화학물질에 대한 유해성 관리는 국가에서 엄격하게 관리하고 있어서 문제가 되지 않았지만, 유해성이 있는 화학제품을 사용할 때 안전한 사용법을 충분히 안내하지 않아서 화학물질에 과도하게 노출되어 결국에는 사망에 이른 것이다. 샴푸와 바디클렌저도 시장에 출시하기 전에 제품에 포함된 화학성분에 대한 유해성에 대한 고려, 샴푸와 바디클렌저를 사용하는 동안에 피부에 노출되는 정도를 고려한 노출량을 최대치로 예측하여 인체 위해성이 있는지를 평가해야 한다. 하지만 이들 제품을 출시하기 전에 위와 같은 노출량 시험을 충분히 하는지, 그리고 최악의 시나리오를 가정하여 시험을 하는지는 기업의 기밀사항이기 때문에 알 수가 없다.

하지만 충분한 노출량 시험이 이뤄지지 않아서 가습기 살균제 사고가 발생하였듯이 이젠 엄격한 노출량 시험을 통한 화학제품을 사용하는 동안의 위해성 여부를 따져야 한다. 즉, 그간 화학물질에 대한 관리를 하는 수준에서 이제는 화학제품에 대한 소비자의 사용패턴에 대한 조사를 통해 엄격하게 노출량을 산출하고, 이를 토대로 화학제품에 대한 체계적 위해성 관리를 하는 방식으로 전환해야 한다. 다행인 것은 2019년 1월부터 시행된 「화학물질 등록 및 평가 등에 관한 법률」에서는 화학물질의 등록을 하려 할 때는 추가적으로 화학물질의 전 과정에서 취급방법과 노출통제 · 관리방법을 기술한 노출 시나리오를 포함한 위해성에 대한 자료를 추가적으로 제출하도록 하고 있고 있다는 점이다. 따라서, 이제 소비자들도 화학제품을 사용하기 전에 충분한 안전성 테스트를 했는지를 확인하는 습관을 가져야 한다.

화학발자국 산정

화학발자국이란 정의는 국제적으로 명확히 정의되지 않아서 출처에 따라 각기 다르게 사용된다. 이에 화학발자국에 대한 자료의 공개와 연구가 활발한 미국 펜실베니아 주의 피츠버그에 위치한 'Air & Waste Association'의 정의를 소개한다.

> 화학발자국이란 화학물질의 조성과 화학물질 성분의 인체와 생태계 유해적 특성, 화학제품의 전 과정 동안에 화학성분의 잠재적 노출량에 의해 발생할 수 있는 잠재적 위험 지표이다.

위에서 소개한 화학발자국 정의에 따라 산정을 위한 1단계는 화학물질 조성에 대한 인체와 생태계의 유해성 정도를 파악하는 것이다. 2단계는 해당 화학물질이 인체 또는 생태계로의 노출량을 파악하는 것이다. 3단계는 화학물질별 유해성과 인체 또는 생태계로의 노출량을 곱하여 위해성을 산정한다.

그런데, 화학물질이 아닌 화학제품에 대한 화학발자국을 산정하기

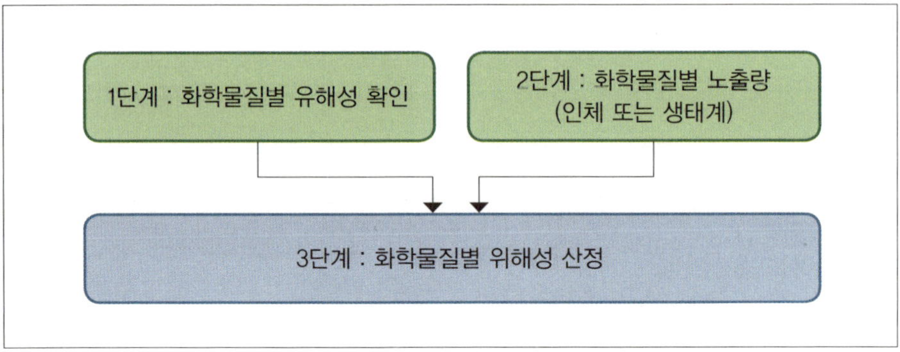

그림 87 화학물질별 화학발자국 산정절차

위해서는 화학제품에 포함된 서로 다른 유해성을 가진 화학물질 간에 어떤 상호작용을 통해 화학제품에 대한 위해성이 결정되는지에 대한 명확한 매커니즘이 규정되지 못한 상태이다. 즉, C 화학제품이 인체에 노출될 때의 위해도를 결정하는 과정에서 화학제품에 포함된 a 화학물질의 위해도가 1이고 b 화학물질의 위해도가 2라고 가정하고, C 화학제품의 위해도가 얼마인지 산정한다고 하자. 이때 C 화학제품의 위해도는 1+2를 합한 3 일수도 있고, a 화학물질의 위해도만이 극성을 가져 1로 산정될 수도 있고, 반대로 2 일수도 있다는 말이다. 화학제품에 대한 여러 종의 화학물질간의 상호작용을 명확히 규명하지 못하기 때문에 이들간의 조합에 따른 위해도가 얼마가 될 지는 명확치 않을 수 있다. 미국 EPA에서 누적위해성평가(cumulative risk assessment) 방법론이 발표되긴 했지만 관련 학계에서도 의문을 제기하기도 한다. 따라서 화학제품에 대한 화학발자국을 특정 지표를 활용하여 정량적으로 표현하기 보다는 각 기관별로 서로 다른 방식으로 화학제품에 대한 위해성을 표현하고 있다.

02>>

화학제품의 화학발자국 표시

농축액상세제의 환경발자국이 일반 세제보다 낮아

세탁세제에 대한 다국적 기업인 P&G와 유니레버(Unilever)가 분말세제와 일반액상세제, 농축액상세제에 대한 화학발자국을 비교분석한 연구결과를 발표하였다. 이 연구를 위하여 화학발자국에 대한 산정방법을 유럽 에코라벨에서 세제에 대한 독성평가법인 CDV[20]와 유엔환경계획(UN Environment Program)이 개발한 방법인 USEtox[21]을 활용하였다.

---

20) CDV(Critical Dilution Volume): 세제 1kg에서 독성을 희석하는데 필요한 물량을 산정하여 물량이 많을수록 독성영향이 크다고 평가하는 방법

21) USEtox: 세제 1kg에 포함된 화학성분별로 인체와 생태계 노출량에 독성지표값(Potentially Affected Fraction, PAF)을 곱하여 위해성을 얻는 방법으로 최신 기법임.

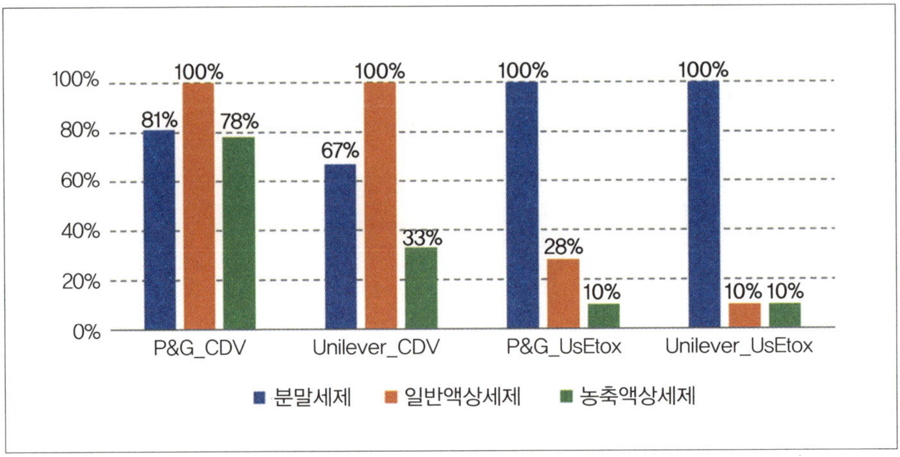

그림 88 3종 세제에 대한 화학발자국 비교

[출처] G.V.Hoof et al. (International Journal of LCA, 2011)

P&G는 대상제품을 프랑스의 시장에서 판매되는 3종류의 세제에 대한 평균성분을 고려한 가상의 세제를 구성하여 평가하였고, 유니레버는 자사의 3종 제품을 대상으로 하였다. CDV 방법으로 3종의 세제에 대한 평가한 결과, 일반액상세제의 화학발자국을 100%로 둘 때 P&G의 제품은 분말세제가 81% 수준이고 농축액상세제가 78%인 반면에 유니레버 제품은 분말세제가 67%이고 농축액상세제가 33%이었다. 즉, 유니레버의 일반액상세제에 비해 농축액상세제의 화학발자국이 3분의 1 수준인 것이다.

다음으로 USEtox 방법으로 3종의 세제에 대한 화학발자국을 평가한 결과, 분말세제의 화학발자국을 100%로 할 때 P&G 제품의 일반액상세제는 28% 수준이고 농축액상세제는 10%이며, 유니레버의 일반액상세제와 농축액상세제의 화학발자국은 분말세제의 10% 수준이었다. 이상의 결과로부터 모든 연구에서 농축액상세제의 화학발자국이 3종의 세제 중에서 가장 낮았다.

Timberland의 'Green Index'

아웃도어용 슈즈와 부츠를 주로 판매하는 미국의 패션 브랜드인 팀버랜드(Timberland)는 자사 제품에 대한 환경측면의 지속가능성을 달성하기 위하여 2007년도에 Green Index를 개발하고 친환경제품 정보를 소비자에게 공개하였다. Green Index는 기후변화와 화학물질 사용, 자원 소비 등의 3개 측면에 대하여 1점부터 10점의 범위 내에서 환경영향을 평가한다. 점수가 낮을수록 환경영향이 적다는 것을 의미

그림 89 팀버랜드의 Green Index 라벨

한다. 팀버랜드는 3개 측면의 환경영향을 낮추기 위하여 제조과정에서 에너지소비를 줄이고 사용한 소재의 재활용률을 높이거나 재생소재의 비중을 높이며, 천연소재의 사용빈도를 높여 독성영향을 줄이려는 노력을 제품 설계단계에서부터 고려하고 있다.

글로벌 스포츠화 브랜드인 나이키도 팀버랜드와 유사한 인덱스의 도입을 시도한 바가 있다. 나이키는 'Considered Index'를 개발하고 이를 제품 설계단계에서 적용하는 노력을 해 왔다. 아웃도어산업협회(Outdoor Industry Association, OIA)도 100여 개의 아웃도어 기업과 협력하여 'Eco-working group'을 도입하여 시도하는 노력을 해왔다. 아웃도어 기업들의 이러한 움직임은 월마트 등 글로벌 유통사의 니즈가 반영된 것이기 때문이다.

미국 환경청의 'Safer Choice'

2000년대 초반부터 우리나라의 환경부에 해당하는 미국의 환경청(EPA)에서는 화학제품에 대한 안전성여부를 평가하여 안전한 제품임을 인증하는 제도인 'Design for Environment'를 시행하였다. 하지만 소비자들로부터 제도의 취지와 제도의 명칭이 불일치한다는 지적에 따라 2015년 8월에 제도명칭을 'Safer Choice'로 개편하고 제도의 인지도가 커지고 있다. 인증제품은 소비자가 사용하는 생활화학제품과 기업에서 사용하는 중간재인 화학제품, 무향제품으로 구분하여 인증기준을 달리하고 각기 다른 인증을 부여하고 있다. 현재까지 인증제품 수는 2,535개이다. 기업이 인증을 취득하기 위해서는 해당 화학제

〈생활화학제품 라벨〉 〈생산재 라벨〉 〈무향제품 라벨〉

그림 90 3종류의 Safer Choice 인증제품군

품에 포함된 화학성분에 대한 전수조사를 통해 EPA의 안전한 화학성분 기준을 만족한다는 것을 입증해야 한다.

이 제도의 특징은 생활화학제품의 안전성 문제가 계속 제기되는 상황에서 국민의 생활안전을 위해 정부가 나서서 안전한 화학제품을 국민이 안심하고 구매할 수 있도록 지원한다는 점에서 의미가 있다. 국내에서는 정부 주도의 환경마크 인증제도가 생활화학제품의 안전성을 부분적으로 평가하고 있지만 환경마크 인증제품을 정부가 안전한 화학제품임을 객관적으로 입증한다고는 볼 수 없다. 생활화학제품에 대한 환경마크 인증에서 안전성 여부는 여러 인증기준 중의 하나일 뿐이다. 반면에 Safer Choice는 오직 안전성 여부만을 고려한 인증이라는 점에서 한국의 환경마크와 차별화되지만 강제인증이 아니라 기업이 선택적으로 인증에 참여할 수 있다는 점에서는 우리나라 환경마크와 같다.

유럽 생활화학제품의 안전마크 "Clean right"

유럽은 생활화학제품의 안전과 관련된 법령이 세계 어느 나라보다 엄격하고 체계적으로 관리되고 있다. 실제로 유럽의 생활화학제품에 대한 안전 관련법인 REACH(Registration, Evaluation and Authorization of Chemicals)는 비누와 세제 등의 청결제품이 최종소비자와 환경에 안전해야 함을 명시하고 있다. 특히 화학원료를 생산하는 작업장에서의 안전관리와 운반, 화학제품 생산, 포장, 사용, 폐기 등의 화학제품의 전과정 각 단계별로 관련 법 및 규정을 제정하여 엄격하게 시행하고 있다. 따라서 유럽의 화학제품 생산기업은 제품의 안전관리를 엄격하게 하지 않을 수 없다.

실제로 유럽의 양대 화학제품 관련 협회인 A.I.S.E[22]와 Cefic[23]에 의해서 만들어진 정보시스템인 CLEANRIGHT(www.cleanright.eu)은 유럽에서 판매되는 생활화학제품에 대해 두 종류 라벨의 제도를 운영하고 있다. 그림 91의 왼쪽 마크를 부착하기 위해서는 Cleanright

---

22) A.I.S.E: 유럽 비누세제유지제품협회로 유럽 42개국에서 37개의 협회를 회원사로 가지고 있는 대표기관으로 900여 개의 다국적 기업이 참여하고 있다.

23) Cefic: 브뤼셀에 본부를 두고 있는 유럽화학산업위원회로 약 29,000여 개의 대중소 화학기업을 대표한다.

그림 91 유럽 Cleanright 마크

에서 제정한 지속가능성 헌장기준을 회원사가 이행하겠다고 자발적인 선언을 한 기업의 제품임을 의미한다. 그리고 오른쪽 라벨은 지속가능성 헌장기준을 만족한 제품임을 의미한다. 따라서 오른쪽 라벨에 보면 휘장이 있다.

유럽에서도 화학발자국을 지표화하여 정량적인 기준치에 대한 만족여부를 따지는 것이 아니라 유해성이 있는 화학물질을 사용하였는지, 화학제품에 대한 안전취급 정보를 엄격하게 관리하는지 제품에 대한 안전정보를 소비자가 알기 쉽게 제공하는 지를 확인하고 있는 수준이다.

우리나라 안전확인대상 생활화학제품 지정

생활화학제품이란 가정이나 사무실, 다중이용시설 등 일상적인 생활공간에서 사용되는 화학제품으로서 사람이나 환경에 화학물질의

그림 92 안전기준확인마크

노출을 유발할 가능성이 있기 때문에 엄격한 정보공개를 통한 소비자의 안전한 사용을 유도하여야 한다.

우리나라 정부는 이러한 목적을 달성하기 위하여 2019년도 2월부터 안전확인대상 생활화학제품을 지정 및 품목별 안전기준 설정, 안전기준 확인, 표시사항 및 표시방법을 정하여 제도를 시행하고 있다. 지정대상 품목은 13개 제품군 35개 품목이다. 이들 품목에 대한 안전확인을 위한 지정기준은 품목별 화학물질에 관한 안전기준과 용기 또는 포장, 중량에 관한 안전기준, 어린이용 보호포장에 관한 안전기준을 만족하는 경우에 한하여 그림 92의 안전확인 마크를 부여한다. 즉, 표 15의 35개 생활화학제품을 구매할 때 정부가 인정한 안전확인 마크가 부착된 제품을 사용하면 안심하고 사용할 수 있다는 말이다. 안전확인마크의 표시방법은 소비자가 쉽게 인지할 수 있도록 생활화학제품의 겉면 또는 포장에 표시해야 한다. 다만, 그림 93과 같이 표시

표 16 안전확인대상 생활화학제품 목록

분류	품목명
세정제품	세정제, 제거제
세탁제품	세탁세제, 표백제, 섬유유연제
코팅제품	광택코팅제, 특수목적코팅제, 녹 방지제, 다림질 보존제
접착 · 접합제품	접착제, 접합제
방향 · 탈취제품	방향제, 탈취제
염색 · 도색제품	물체 염색제, 물체 도색제
자동차 전용제품	자동차용 워셔액, 자동차용 부동액
인쇄, 문서관련 제품	인쇄용 잉크 · 토너
미용제품	미용 접착제, 문신용 염료
살균제품	살균제, 살조제, 가습기용 항균 · 소독제제, 감염병 예방용 살균 · 소독제제, 기타 방역용 소독제제
구제제품	기피제, 보건용 구제 · 방지 · 유인살충제, 보경용 기피제, 감염병 예방용 살충제, 감염병 예방용 살서제
보존 · 보존처리제품	목재용 보존제, 필터형 보존처리제품
기타	초(향초 포함), 습기제거제, 인공 눈 스프레이

면의 면적에 따라 3종류의 표시방법이 있는데 신고번호와 품목명, 제품명은 반드시 기입해야 한다. 생활화학제품에 대한 신고번호나 승인번호는 생활환경안전정보시스템(http://ecolife.me.go.kr/ecolife)에서 검색할 수 있다.

1. 제품 겉면 또는 포장의 표시면에
표시하는 경우

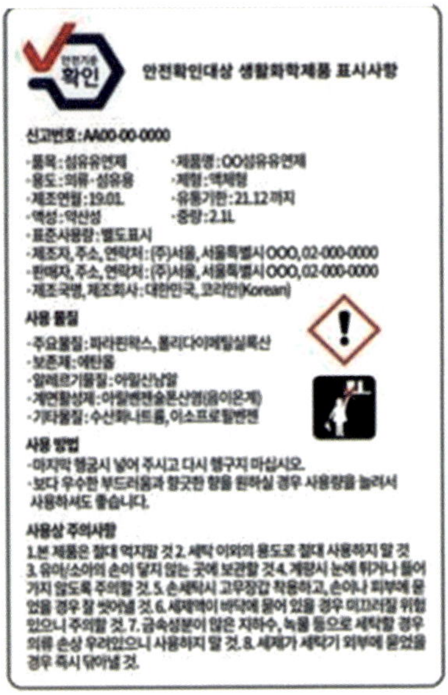

2. 표시면의 면적이 50~100cm²에
표시하는 경우

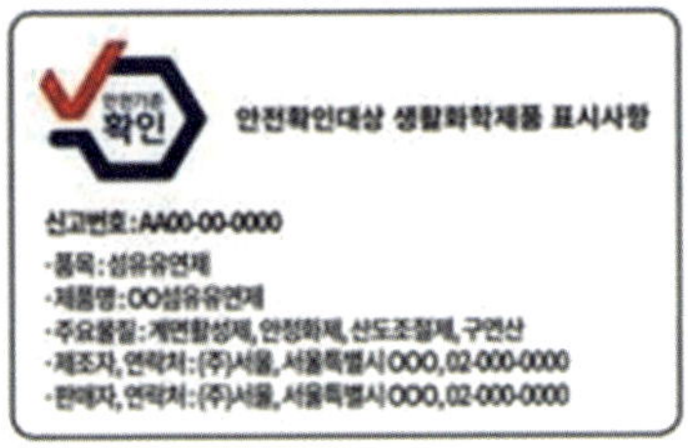

3. 표시면의 면적이 50cm² 미만에
표시하는 경우

그림 93 표시면 면적별 안전확인 표시사항

"초록누리"에서 생활화학제품의 안전정보 확인

가습기 살균제 사건과 같은 최근의 각종 화학안전사고에 대해 우리 사회는 각종 생활화학제품의 체계적인 통합관리의 필요성을 인식하고 있지만 생활화학제품의 안전정보가 환경부와 고용노동부, 행정안전부, 산업통상자원부, 식품의약품안전처, 농촌진흥청 등 여러 부처에서 분산 관리되어 관련 정보를 제공하고 있어서 우리 국민들이 관

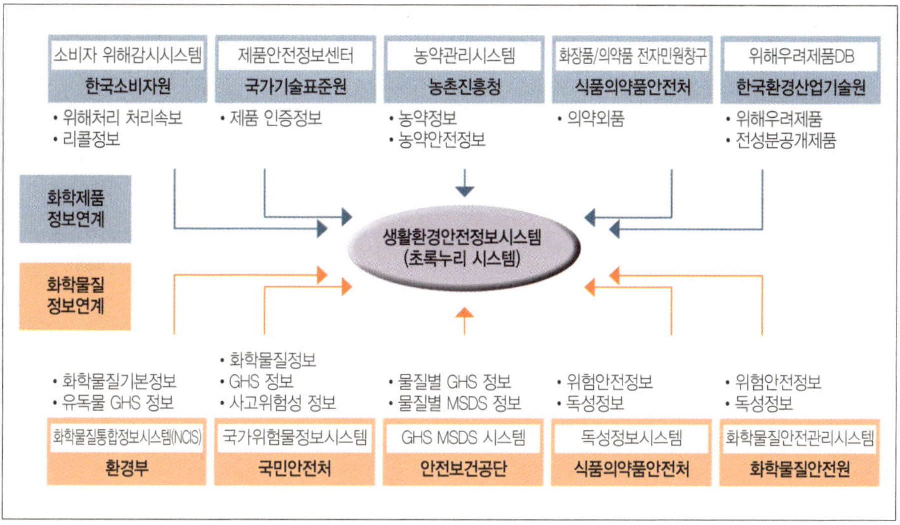

그림 94 생활환경안전정보시스템 정보연계도

련 정보를 얻기가 어려웠다.

이에 환경부는 각 부처별로 분산되어 있는 화학제품, 화학물질 관련 정보를 연계하여 한 곳에서 정보를 얻을 수 있도록 생활환경안전정보·시스템 "초록누리"(ecolife.me.go.kr)를 개발하여 관련 정보를 통합제공하고 있다. 이에 소비자들은 자신이 구입하는 생활화학제품에 대한 유해성 정보를 생활환경안전정보시스템을 통해 즉시 확인할 수 있다.

이 시스템에서는 안전표시기준을 위반한 제품 목록을 확인할 수 있으며, 우리가 구매하는 생활화학제품에 대한 안전정보를 확인할 수 있다. 또한 2017년 2월에 환경부와 자발적 협약에 따라 화학제품에 포함된 화학물질의 전 성분을 공개한 제품정보를 확인할 수 있다.

위반제품
안전 · 표시기준을 위반한 제품입니다.

생활화학제품
생활 속 화학제품의 안전정보를 확인하실 수 있습니다.

전성분 공개제품
환경부와 협약 체결('17.2)에 따라 기업이 자발적으로 제품의 전성분을 공개한 제품입니다.

그림 95 생활환경안전정보시스템의 정보제공 대상

위반제품 정보에는 위반제품에 대한 명칭과 모델명, 업체명, 생산지, 위반내용, 조치일자 및 조치내용이 수록되어 있다. 생활화학제품에 대한 안전정보에는 제품명, 업체명 및 주소, 주요 함유성분 목록, 사용상 주의사항 정보, 관련 세부제품 목록이 포함되어 있으며, 대표제품의 라벨에 표시된 정보가 스캔되어 함께 공개되어 있다. 마지막으로 전 성분 공개제품은 1125개가 등록되어 있다.

맺음말

아메리카 인디언들 사이에서 전해 내려오는 유명한 말 중에 "우리가 살고 있는 지구는 선조로부터 물려받은 것이 아니라 후손에게 빌린 것이다."라는 속담이 있다. 즉, 현대를 살아가고 있는 우리는 지구를 후손으로부터 빌렸기 때문에 깨끗하게 사용한 후에 후손에게 돌려줘야 한다는 말이다.

지금의 지구는 우리들의 욕심으로 인한 각종 환경영향으로 인해 예측할 수 없는 기상이변이 끊임없이 발생하고 있다. 그 대표적인 것이 기후변화이다. 하지만 지금은 기후위기가 더 맞는 표현일 것이다. 반기문 전 유엔사무총장은 2019년 4월에 자신이 만난 프란체스코 교황이 털어놓은 이야기를 소개했다. "God always forgive(신은 항상 용서하고), Human beings sometimes forgive(사람은 가끔 용서하고), Nature never forgives(자연은 절대 용서하지 않는다)". 이는 우리 인간은 자연의 일부이기 때문에 자연과 맞서 싸우기보다는 자연에 순응하여 살아가는 것이 현명한 방법이라는 것이다.

하지만, 어떻게 사는 것이 자연과 순응하는 것인지를 우리가 배운 적은 거의 없다. 일반적으로 쓰레기는 분리수거를 잘 해서 가급적 매립하지 말고 재활용해야 하고, 음식물은 자신이 먹을 수 있는 적당량을 덜어서 먹어야 음식물쓰레기의 발생을 최소화 하여 토양오염을 줄일 수 있다는 정도가 우리가 환경보호를 위한 활동으로 알고 있는 전부일 것이다. 조금 더 환경에 관심 있는 분이라면 경유자동차보다는 휘발유자동차가 매연을 덜 발생시킨다는 정도는 알 수 있다.

그런데, 나의 친환경 활동을 통해서 환경보호에 얼마나 기여할 수 있는지를 안다면 동참하는 시민들은 훨씬 많아질 수 있다. 이 책은 인간 활동에 따라 발생되는 환경영향을 환경발자국이란 용어를 사용하여 소개하였다. 다시 환경발자국은 생태발자국, 탄소발자국, 물발자국, 먼지발자국, 화학발자국 등 5종류의 발자국 지표로 세분화하여 우리들의 활동에 따라 5대 발자국 영향이 얼마나 커질 수 있는지를 소개하였다.

이 책을 보면 생태발자국의 측면에서는 태양광발전이 수력발전 다음으로 가장 영향이 큰 활동이라고 제시된 반면에 탄소발자국과 먼지발자국 측면에서는 가장 영향이 작은 활동 중의 하나로 분석되었다. 이처럼 바라보는 관점에 따라 특정 활동이 비교대상에 비해 환경영향이 클 수도 있고 작을 수도 있다. 온실가스를 줄이기 위해 휘발유자동차보다 경유자동차를 장려한 활동이 오히려 미세먼지를 폭발적으로 증가시킨 원인이 되었듯이 어떤 경우에는 최선의 활동이 처한 상황에 따라 최악의 활동이 될 수도 있다. 이 책을 읽는 독자여러분들은 이 점이 매우 혼란스러웠을 수도 있다.

하지만 태양광 발전이 탄소발자국과 먼지발자국을 줄일 수는 있지만 생태발자국을 높이기 때문에 좋지 않은 활동인가? 그렇지 않다. 지금 상황에서 온실가스를 줄이고 미세먼지를 줄이는 것이 시대적인 과제라고 한다면 당연히 태양광 발전을 도입해야 한다. 그런데, 여기서 끝나면 안 된다. 태양광 발전은 틀림없이 생태발자국을 높이는 요인이기 때문에 태양광 발전을 도입하는 과정에서 생태발자국 영향을 낮출 수 있는 활동을 병행해야만 궁극적으로 제대로 된 환경영향을 줄이는 활동이 된다. 실제로 태양광을 비탈진 임야 등에 설치하여 산림을 파괴한다는 문제점을 지적한 사례가 많았는데, 이를 해결하기 위하여 부유식 해상 태양광, 케이블 태양광 등 다양한 기술이 개발되고 있다. 이처럼 지금은 최선의 활동이라고 생각되지만 반드시 그 이면의 문제점을 함께 해결할 수 있는 노력을 해야 한다.

그런 관점에서 이 책에서 소개한 5종류의 환경발자국 지표결과를 독자 여러분이 이해하고 실생활에 활용할 수 있다면 에코액션을 하는데 효과적인 길잡이가 될 것이다.